高等学校计算机基础教育教材精选

程序设计基础
——上机实习及习题集

王　恺主　编
赵　宏副主编

清华大学出版社
北　京

内 容 简 介

本书是《程序设计基础》(赵宏主编,主教材)的配套教材,内容与主教材的各章相配合,通过课程实习和课后习题帮助读者更好地理解主教材内容。全书共16章,每一章包含3部分内容:第1部分为课程实习,包括多个精心设计的实验,作为上机课的实践内容;第2部分为课后习题,包括大量的综合练习题,题型主要包括算法设计、填空题、判断题、选择题;第3部分为课后习题参考答案,供读者参考。

本书是专门为高等学校学生提高计算思维能力、学习计算机高级语言程序设计课程编写的教材,面向初学者,不要求读者已经熟悉相关的概念和计算机高级程序设计语言方面的背景知识。本书也适合自学者学习参考。

图书在版编目(CIP)数据

程序设计基础:上机实习及习题集/王恺主编.—北京:清华大学出版社,2019 (2021.7重印)
(高等学校计算机基础教育教材精选)
ISBN 978-7-302-53203-3

Ⅰ.①程… Ⅱ.①王… Ⅲ.①程序设计－高等学校－教学参考资料 Ⅳ.①TP311.1

中国版本图书馆CIP数据核字(2019)第124849号

责任编辑: 张瑞庆
封面设计: 何凤霞
责任校对: 梁 毅
责任印制: 宋 林

出版发行: 清华大学出版社
网 址: http://www.tup.com.cn, http://www.wqbook.com
地 址: 北京清华大学学研大厦A座 **邮 编:** 100084
社 总 机: 010-62770175 **邮 购:** 010-83470235
投稿与读者服务: 010-62776969, c-service@tup.tsinghua.edu.cn
质量反馈: 010-62772015, zhiliang@tup.tsinghua.edu.cn
课件下载: http://www.tup.com.cn,010-83470236
印 装 者: 三河市金元印装有限公司
经 销: 全国新华书店
开 本: 185mm×260mm **印 张:** 17.25 **字 数:** 422千字
版 次: 2019年10月第1版 **印 次:** 2021年7月第3次印刷
定 价: 49.90元

产品编号:083939-02

前言

2006 年 3 月，美国科学基金会计算机与信息科学工程部主任周以真(Jeannette M. Wing)教授首先提出并定义了“计算思维”(Computational Thinking，CT)这一概念：计算思维是运用计算机科学的基础概念进行问题求解、系统设计以及人类行为理解等涵盖计算机科学之广度的一系列思维活动。2011 年，图灵奖获得者 Richard M. Karp 提出了“计算透镜”(Computational Lens)理念，其核心是将计算作为一种通用的思维方式，通过这种广义的计算(涉及信息、执行算法、关注复杂度)来描述各类自然过程和社会过程，从而解决各个学科的问题。

在美国，计算思维的提出得到了教育界和科学界的广泛支持。美国科学基金会投入巨资启动“大学计算教育振兴的途径”进行美国计算教育的改革，并且对计算思维所发挥的作用达成共识。美国科学基金会还启动了以计算思维为核心的重大基础研究，进一步将计算思维的培育扩展到美国的各个研究领域。

在我国，计算思维的重要性也引起了科学家和教育界人士的高度重视。教育部高等学校计算机基础课程教学指导委员会主任委员陈国良院士等积极地倡导把培养学生的计算思维能力作为计算机基础教学的核心任务，并由此建设更加完备的计算机基础课程体系和教学内容。

为了更好地培养我国高等学校学生的计算思维能力，《程序设计基础》(赵宏主编，主教材)详细地介绍了一些利用计算机求解问题的原理和方法、C++ 语言的基础知识、常见数据结构，以及如何使用 C++ 语言和常用数据结构实现算法解决实际应用问题等内容，并且通过对一些精选问题求解思路和方法的分析，以及针对初学者容易出现错误和困惑的地方提供的大量提示，帮助读者更好地理解使用计算机解决问题的基本方法，达到使用 C++ 程序设计语言解决实际问题的目的。

实践是训练计算思维和学习高级程序设计语言必不可少的环节。本书是《程序设计基础》的配套教材，书中精心地为各章选编了配套的计算思维训练练习和上机实习题目，并在思想方法、算法和语法上给出了相应的指导。还为每一章选编了配套的练习题目并给出了参考答案。目的是使初学者通过理论结合实际练习，逐步提高计算思维能力，掌握使用计算机解决问题的基本思想和方法。本书可以作为高等学校学生提高计算思维能力、学习计算机高级语言程序设计课程的辅助教材。

本书由南开大学计算机学院公共计算机基础教学部的教师结合多年的教学经验和大学计算机课程教学的发展编著而成。本书面向我国高校计算机专业学生和非计算机专业理工科学生，力争使学生在有限课时内学习有关计算基础知识，能够用 C++ 程序设计语言和常用数据结构实现一些基本算法，同时具有自觉使用计算思维去解决实际问题的能力。王恺负责编写第4～6章、第8章、第9章、第14章及第15章并统编全书，赵宏负责编写第1～3章、第7章、第10～13章及第16章。

在本书的编写过程中，得到了清华大学出版社张瑞庆编审的大力支持，在此表示真诚的感谢！

本书还参考了国内外的一些程序设计方面的开放课程网站和书籍，力求有所突破和创新。由于能力和水平的限制，书中难免存在欠妥之处，恳请读者指正。

编　者

2019年6月于南开园

目录

第1章 如何让计算机进行计算

导 学

【实习目标】

- 了解使用计算机求解问题过程。
- 掌握使用 Visual Studio 2010 集成开发环境进行程序的编辑、调试和运行等操作步骤和方法。
- 设计简单的程序，了解 C++ 程序的组成。能够参考主教材中的例程进行简单的程序设计。

1.1 课 程 实 习

在 Visual Studio 2010(简称 VS 2010)下，建立 Win32 Console Application 类型的项目，并创建 C++ 源文件，编辑、编译、调试和执行程序，完成下面的功能：

(1) 编写一个程序，程序的功能在屏幕上输出几句你想说的话。例如：

大家好！

我是×××。

很高兴在大学与同学们一起学习和生活。

这是我的第一个 C++ 程序。

(2) 编写一个程序，程序的功能用户从键盘上输入两个整数，分别对这两个整数进行加、减、乘和除运算，并将计算结果输出到屏幕上。

(3) 从键盘输入一个人的姓名，例如“刘翔”，然后将“我是刘翔”输出到屏幕上。

【实习指导】

(1) 在硬盘上先建一个用于保存你自己的程序的文件夹。例如，如果你的学号是 1910099，则在硬盘建一个“D:\1910099”的文件夹。

(2) 使用 VS 2010 创建项目，在 Location 区域输入“D:\1910099”，则你的项目相关文件都将保存在此文件夹下。

(3) 编译成功后，查看在工程文件夹中 Debug 文件夹下生成的可执行文件，文件名是“项目名.exe”。关闭 VS 2010 开发环境，直接运行该可执行文件，看一看有什么不同。

(4) 关闭 VS 2010，在项目文件夹下，双击“项目名.sln”文件可以打开此项目。

(5) 如果一个程序编写好之后，还要编写另一个程序时，需要重新建一个项目，否则两个程序都无法连接运行。

(6) 问题(1)可参考主教材中的例 1-5 来完成。提示：“cout＜＜endl;”语句能够在屏幕上输出一个换行。

(7) 问题(2)可参考主教材中的例 1-6 来完成。加、减、乘和除运算在 C++ 中对应的运算符分别是+、-、* 和/。提示：5/2 的结果是 2，2/5 的结果会是 0。

(8) 对于问题(3)，使用语句“char name[10];”和语句“cin＞＞name;”能够实现从键盘输入一个字符串到数组 name 中的功能。输出该字符串可以使用语句“cout＜＜name;”。cout 可以实现多项数据的输出，参考主教材中的例 1-6，实现向屏幕输出“我是刘翔”。

1.2 课后习题

一、简单的 C++ 程序

(1) 编写一个简单的 C++ 程序，程序的功能是用户输入一个信息，程序自动在屏幕上输出该用户输入的信息。例如，用户输入的是“今天的天气真好！”，程序给出的信息是“用户输入的信息是：今天的天气真好！”。程序的运行结果参考图 1-1。

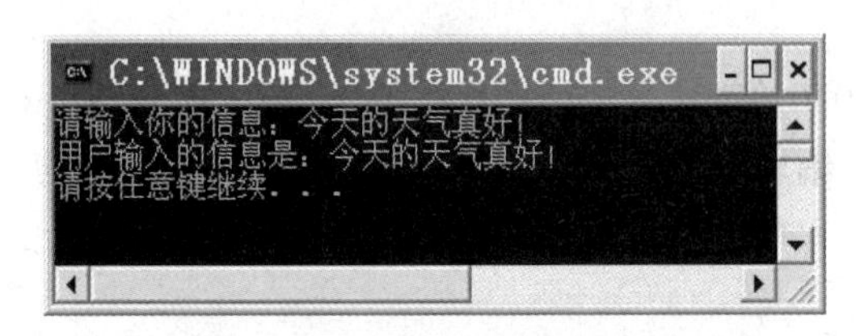

图 1-1　第(1)题的程序运行结果

(2) 编写一个程序，程序的功能是用户从键盘上输入两个实数，分别对这两个实数进行加、减、乘和除运算，并将计算结果输出到屏幕上。例如，用户输入的是 12.56 和 36.78，则程序的运行结果参考图 1-2。提示：程序中变量的数据类型可用 double。

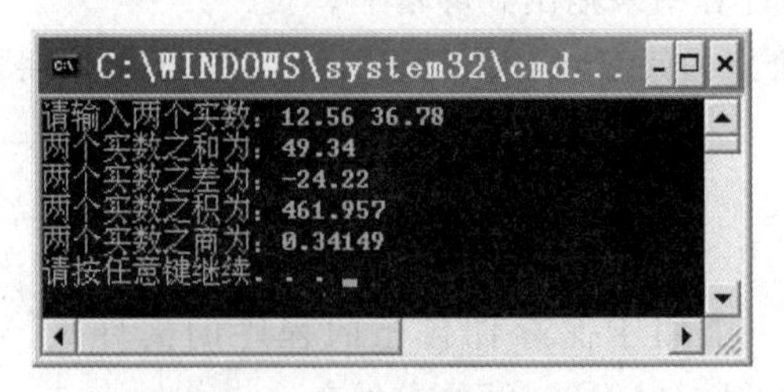

图 1-2　第(2)题的程序运行结果

二、提高 C++ 语言程序设计能力练习

1. 填空题

(1) 人类使用计算机求解实际问题的基本步骤是：首先将实际问题________成数学模型，即分析问题，从中抽象出操作的________和相应的________，并找出这些操作对象之间的________，然后用数学的语言加以________；其次设计实现这些操作的________；然后是编写程序实现相应的________；最后是运行程序对实际问题________。

(2) ________是将所设计的算法变成计算机能够运行的代码的过程。

(3) 编写程序的过程一般包括________、________、________和________等步骤。如果程序编译出错或运行结果不正确，还需要对程序进行________。

(4) 使用文本编辑器编写程序，并将它保存到文件中，这个文件就是程序的源代码(source code)。源代码又称________。

(5) ________是一个软件，运行该软件将源代码翻译成计算机能够识别的内部语言——机器语言。

(6) 经过编译后的程序文件就是程序的目标代码(object code)，又称________。

(7) 运行连接程序，将程序的目标代码和该程序使用的函数的目标代码以及一些标准的启动代码(startup code)组合起来，生成程序的可执行文件即可执行代码，又称________。

(8) ________的作用是指示计算机进行必要的计算和数据处理从而帮助我们解决特定的问题。

(9) 把能够在有限的步骤内解决问题的过程和方法称为________。

(10) ________是指设计、编制、调试程序的方法和过程，是寻找算法并用计算机能够理解的语言表达出来的一种活动。

(11) 程序设计方法主要包括________方法和________方法。

(12) 面向对象程序设计方法的主要特征包括________、________和________。

(13) C 语言是结构化和模块化语言，它是面向________的。C++ 保留了 C 语言所有的优点，增加了面向________的机制。

(14) 一个 C++ 程序一般由________、________、________、________、________和________ 6 部分组成。

(15) C++ 源文件的扩展名是________，编译后生成的目标文件的扩展名是________，连接后生成的可执行文件的扩展名是________。

(16) Visual Studio 2010 提供了用于创建________的文本编辑器，用于生成________的编译器和连接器以及工程管理和调试功能的其他资源。

(17) C++ 程序的模块称为________。

(18) 一个 C++ 程序必须有且只能有一个的函数称为________。

(19) 能够实现向屏幕输出“Hello，World”并开始新的一行的语句是________。

(20) 声明一个字符型变量 c 的语句是________，类似地，声明一个整型变量(int)变量 m 的语句是________。

(21) 标识符只能由________、________和________组成，并且第一个字符必须是________和________。

(22) 程序中适当添加________可以帮助程序员理清思路，增加程序的可读性。

(23) C++ 中的空白包括空格、________和________。

(24) C++ 中用________来标识语句的结束。

(25) C++ 中函数体的一对________不能缺省，且必须成对出现。

2. 判断题

(1) 计算机程序是使用计算机程序语言精确描述的实现模型，它的作用是指示计算机进行必要的计算和数据处理，从而帮助我们解决特定的问题。（　）

(2) 面对问题，需要找出解决问题的方法，我们把这种能够在有限的步骤内解决问题的过程和方法称为程序。（　）

(3) 用 C++ 高级语言编写的程序，计算机能够直接执行。（　）

(4) SP 结构化程序设计方法也称面向过程的程序设计方法，反映了过程性编程的方法，根据执行的操作来设计一个程序。（　）

(5) OOP 方法强调的是算法的过程性，而不是数据。（　）

(6) Visual C++ 是由微软公司开发的专门负责开发 C++ 软件的工具，称为集成开发环境(Integrated Development Environment, IDE)。（　）

(7) C++ 程序中的“#include＜iostream＞”是一个注释命令，它使程序具有了基本的输入输出功能。（　）

(8) 一个 C++ 程序一般由多个函数组成。这些函数只能是用户根据需要自己编写的函数——用户自定义函数。（　）

(9) C++ 中的任何一个程序必须有且只能有一个主函数 main()。（　）

(10) C++ 中的任何一条语句都以分号“;”结束。（　）

(11) C++ 程序需要将数据放在内存单元中，变量名就是内存单元中数据的标识符，通过变量名来存储和访问相应的数据。（　）

(12) C++ 中的命名空间是为了解决 C++ 中的变量、函数的命名冲突的问题而设置的。（　）

(13) “cout＜＜"大家好!";”是输出语句，语句的中＜＜称为提取运算符，不能省略。（　）

(14) C++ 程序中“注释”的作用就是帮助程序员阅读源程序，提高程序的可读性。编译器在进行编译时会将注释的内容一起编译。（　）

(15) 标识符是指由程序员定义的词法符号，用来给变量、函数、数组、类、对象、类型等命名。（　）

3. 选择题

(1) 面对问题，需要找出解决问题的方法，我们把能够在有限的步骤内解决问题的过程和方法称为（　）。

A. 算法　　B. 程序　　C. 程序设计　　D. 编程

(2)(　　)是指设计、编制、调试程序的方法和过程,是寻找算法并用计算机能够理解的语言表达出来的一种活动。

A. 算法　　B. 程序设计　　C. 程序　　D. 编程

(3)(　　)程序设计方法采用“自顶向下,逐步求精”的设计思想,其理念是将大型的程序分解成小型和便于管理的任务,如果其中的一项任务仍然较大,就将它分解成更小的任务。

A. 软件工程　　B. 软件测试　　C. 结构化　　D. 面向对象

(4)(　　)程序设计方法中的类通常规定了可以使用哪些数据和对这些数据执行哪些操作,数据表示对象的静态特性——属性,操作表示了对象的动态特性——行为。

A. 软件工程　　B. 软件测试　　C. 结构化　　D. 面向对象

(5)(　　)是将所设计的算法变成计算机能够运行的代码的过程。

A. 算法　　B. 程序　　C. 程序设计　　D. 编程

(6) 计算机唯一可以读懂的语言就是计算机的指令,称为机器语言,被称为(　　)程序设计语言。

A. 低级　　B. 中级　　C. 高级　　D. 特级

(7) C++是一种(　　)程序设计语言。

A. 低级　　B. 中级　　C. 高级　　D. 特级

(8) 关于C++和C语言的描述中,错误的是(　　)。

A. C++是C语言的超集

B. C++对C语言进行了扩充

C. C++和C语言都是面向对象的程序设计语言

D. C++包含C语言的全部语法特征

(9) 每个C++程序都必须有且只能有一个(　　)。

A. 主函数　　B. 预处理命令　　C. 函数　　D. 注释

(10) 在C++中,表示单行注释开始的符号是(　　)。

A. #　　B. //　　C. /*　　D. ;

(11) 在C++中,表示一条语句结束的符号是(　　)。

A. #　　B. //　　C. /*　　D. ;

(12) 不是C++中空白字符的是(　　)。

A. 回车　　B. 空格　　C. 制表符　　D. //

(13) 在C++中,函数体是由一对(　　)括起来的部分。

A. {、}　　B. [、]　　C. ＜、＞　　D. (、)

(14) 在C++中,与cout一起使用的插入运算符是(　　)。

A. ＜　　B. ＞　　C. ＜＜　　D. ＞＞

(15) 在C++中,与cin一起使用的提取运算符是(　　)。

A. ＜　　B. ＞　　C. ＜＜　　D. ＞＞

(16) 下面合法的用户自定义标识符是(　　)。

A. No_1　　B. int　　C. 30years　　D. a*s

(17) 对于语句“cout＜＜x＜＜endl;”错误的描述是(　　)。

A. cout 是一个输出流对象　　B. endl 的作用是输出回车换行

C. x 是一个变量　　D. <<称为提取运算符

(18) C++ 源程序文件的扩展名是(　　)。

A. DLL　　B. C　　C. CPP　　D. EXE

(19) C++ 语言对 C 语言做了很多改进,C++ 语言相对于 C 语言的最根本的变化是(　　)。

A. 引进了类和对象的概念

B. 允许函数重载,并允许设置默认参数

C. 规定函数说明符必须用原型

D. 增加了一些新的运算符

(20) 下面关于 C++ 语言的描述错误的是(　　)。

A. C++ 语言支持数据封装

B. C++ 语言中引入友元没有破坏封装性

C. C++ 语言允许函数名和运算符重载

D. C++ 语言支持动态联编

1.3　课后习题参考答案

一、简单的 C++ 程序

(1) 程序参考代码如下:

```
#include <iostream>
using namespace std;
int main()
{
    char str[100];
    cout<<"请输入你的信息:";
    cin>>str;
    cout<<"用户输入的信息是:"<<str<<endl;
    return 0;
}
```

(2) 程序参考代码如下:

```
#include <iostream>
using namespace std;
int main()
{
    double x,y,result;
    cout<<"请输入两个实数:";
    cin>>x>>y;
    result=x+y;
```

```
    cout<<"两个实数之和为:"<<result<<endl;
    result=x-y;
    cout<<"两个实数之差为:"<<result<<endl;
    result=x*y;
    cout<<"两个实数之积为:"<<result<<endl;
    result=x/y;
    cout<<"两个实数之商为:"<<result<<endl;
    return 0;
}
```

二、提高 C++ 语言程序设计能力练习

1. 填空题

(1) 抽象、对象、操作、关系、描述、算法、算法、求解
(2) 编程
(3) 编辑、编译、连接、运行、调试
(4) 源程序
(5) 编译器
(6) 目标程序
(7) 可执行程序
(8) 计算机程序
(9) 算法
(10) 程序设计
(11) 结构化程序设计、面向对象程序设计
(12) 封装性、继承性、多态性
(13) 过程、对象
(14) 预处理、函数、语句、变量、输入输出、注释
(15) cpp、obj、exe
(16) 源代码文件、可执行文件
(17) 函数
(18) 主函数或 main()函数
(19) “cout<<"Hello,World"<<endl;”或“cout<<"Hello,World"<<'\n';”
(20) “char c;”、“int m;”
(21) 字母、数字、下画线、字母、下画线
(22) 注释
(23) 回车、制表符
(24) 分号
(25) 花括号(大括号)

2. 判断题

(1) √	(2) ×	(3) ×	(4) √	(5) ×
(6) √	(7) ×	(8) ×	(9) √	(10) √
(11) √	(12) √	(13) ×	(14) ×	(15) √

3. 选择题

(1) A	(2) B	(3) C	(4) D	(5) D
(6) A	(7) C	(8) C	(9) A	(10) B
(11) D	(12) D	(13) A	(14) C	(15) D
(16) A	(17) D	(18) C	(19) A	(20) B

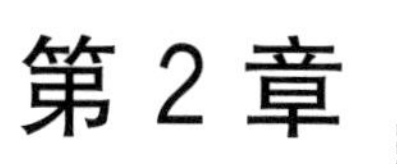

第2章 计算机如何表示与处理数据

导学

【实习目标】

- 掌握抽象问题的方法。能够用恰当的数据来描述问题，能够用相应的数学公式给出问题的处理方法。
- 掌握用 C++ 语言提供的基本数据类型来描述问题。
- 掌握用 C++ 提供的基本运算来处理数据、解决问题。

2.1 课程实习

1. 求任意一个圆柱体的表面积、体积。要求将 π 声明为符号常量 PI。

(1) 抽象问题和设计求解问题的算法。

步骤	处　　理
1	**抽象问题：** 将圆柱体的特性，即圆柱体的半径、高、表面积和体积，分别用 radius、height、area 和 volume 来描述
2	**写出求解问题的表达式：** 根据已有知识，圆柱体的表面积 area 和体积 volume 的计算公式分别为： $area=2\times\pi\times radius^2+2\times\pi\times radius\times height$　(2-1) $volume=\pi\times radius^2\times height$　(2-2)
3	**设计算法，求解问题：** ① 定义符号常量 PI 和变量 radius、height、area 和 volume，表示 π 和圆柱体的半径、高、表面积和体积。 ② 用户从键盘输入 radius 和 height 的值。 ③ 在程序中，将公式(2-1)和公式(2-2)写成 C++ 合法的表达式，计算 area 和 volume 的值。 ④ 输出问题的求解结果 area 和 volume。 注意：在程序中要给出适当的操作提示和输出信息提示

（2）用C++语言或其他高级程序设计语言写出实现该算法的程序核心代码。

（3）上机调试并测试你的程序。

2. 化学实验室每年需要使用浓度为15％的硫酸溶液6880kg，如果是用96％的浓硫酸加水稀释后使用，编程求每年需要多少这种浓硫酸？

（1）抽象问题和设计求解问题的算法。

步骤	处　　理
1	**抽象问题：**
2	**写出求解问题的表达式：**
3	**设计算法，求解问题：**

(2) 用 C++ 语言或其他高级程序设计语言写出实现该算法的程序核心代码。

(3) 上机调试并测试你的程序。

3. 汽车以 60km/h 的速率行驶。司机从看到停车信号到使用刹车需要 0.5s 的时间。在刹车作用下，汽车的加速度为 $-5m/s^2$。编程求从司机看到停车信号的时刻算起，汽车还要行驶多少米才能停下来？

(1) 抽象问题和设计求解问题的算法。

步骤	处　　理
1	**抽象问题：**
2	**写出求解问题的表达式：**
3	**设计算法，求解问题：**

(2) 用C++语言或其他高级程序设计语言写出实现该算法的程序核心代码。

(3) 上机调试并测试你的程序。

2.2 课后习题

一、计算机中数据的表示与处理练习题

1. 填空题

(1) 用8位二进制数表示整数范围。用二进制无符号编码表示是________到________,十进制数是________到________;用二进制原码表示是________到________,十进制数是________到________;用二进制补码表示是________到________,十进制数是________到________。

(2) 字符信息是非数值型数据,国际上采用的字符系统是________位的________码,这些编码的最高位为________。

(3) 一个汉字的国标码由________个字节构成,将汉字国标码的每个字节的最高位都置为________,就得到了汉字的________。

(4) 一个汉字在计算机中需要用________个字节来表示,而一个16×16点阵的汉字字形需要用________个字节来存放。

(5) 十进制数+35在计算机中用原码的形式表示为________,用补码的表示形式为________。−35在计算机中用原码的表示形式为________,用补码的表示形式为________。

(6) 数制就是用一组固定的________和一套统一的________来表示数值的方法。例

如,在计算机中使用的二进制数,使用两个固定数码________,计数规则为________。

(7) 非十进制数转换成十进制数的方法是：将非十进制数________。十进制数转换成非十进制数的方法是：整数之间的转换用________;小数之间的转换用________。

(8) n 个二进制位可以表示________种状态。位数越多,所能表示的状态就越多,也就能够表示更多的数据或信息。

(9) 计算机中最小的数据单位是二进制的________,________是计算机中用来表示存储空间大小的最基本的容量单位。________是计算机一次能够存储和处理的二进制位的长度。

(10) 国际通用的字符编码是________,编码的二进制表示从________到________。

2. 判断题

(1) 计算机中也可以直接处理十进制数。　(　　)

(2) 计算机中的数据不能精确地表示每一个小数和整数。　(　　)

(3) ASCII 码是一种字符编码,而汉字的各种输入方法也是一种字符编码。　(　　)

(4) 只有负数有补码而正数无补码。　(　　)

(5) 负数的补码就是原码逐位取反后的结果。　(　　)

(6) 在原码及反码的表示方法中,0 的表示均是唯一的,即 0 只有一种表示形式。　(　　)

(7) $[X]_{补}$是一个正数还是一个负数,是根据$[X]_{补}$的符号位是 0 还是 1 确定的。　(　　)

(8) 计算机中用一个字节来存放一个 ASCII 码字符,用两个字节来存放一个汉字的国标码。　(　　)

(9) 当输出汉字时,输出的是汉字机内码。　(　　)

(10) 在计算机中因为采用的均是二进制数,所以数的正负也只能用二进制方式来表示。　(　　)

3. 选择题

(1) 十进制数 14 对应的二进制数是(　　)。

A. 1111　　B. 1110　　C. 1100　　D. 1010

(2) 二进制数 1011+1001=(　　)。

A. 10100　　B. 10101　　C. 11010　　D. 10010

(3) 十进制数 123 变换为等值的二进制数是(　　)。

A. 1111000　　B. 1111010　　C. 1111011　　D. 1111100

(4) 无符号二进制数 10101011B 变换为等值的十进制数是(　　)。

A. 17　　B. 161　　C. 21　　D. 171

(5) 十六进制数 ABH 变换为等值的十进制数是(　　)。

A. 17　　B. 161　　C. 21　　D. 171

(6) 下列个数值中,最大的数是(　　)。

A. 7DH　　B. 174Q　　C. 123　　D. 1111100B

(7) 计算机系统中采用补码运算的目的是(　　)。

A. 与手工运算方式保持一致　　B. 减少存储空间

C. 简化计算机的设计　　D. 提高运算的精度

(8) 把一个汉字表示为两个字节的二进制码,这种编码称为(　　)码。

A. 五笔字型　　B. 机内　　C. 拼音　　D. ASCII

(9) 计算机中数据的最小单位是(　　)。

A. 字节　　B. 位　　C. 字　　D. KB

(10) 一个浮点法表示的数由(　　)两部分组成。

A. 指数和基数　　B. 尾数和小数

C. 阶码和尾数　　D. 整数和小数

(11) 计算机内部采用的数制是(　　)。

A. 二进制　　B. 八进制　　C. 十进制　　D. 十六进制

(12) 6 位二进制数能表示的最大十进制数是(　　)。

A. 32　　B. 31　　C. 64　　D. 63

(13) n 位二进制数能表示的最大十进制数是(　　)。

A. 2^n-1　　B. 2^n　　C. $2^{n-1}-1$　　D. 2^{n-1}

(14) 计算机的存储器中,一个字节由(　　)个二进制位组成。

A. 1　　B. 2　　C. 4　　D. 8

(15) 32 位的计算机系统指的是计算机的(　　)是 32 位。

A. 内存　　B. 硬盘　　C. 字长　　D. 位长

(16) 在计算机中采用二进制,是由于(　　)。

A. 硬件成本低　　B. 系统稳定　　C. 运算简单　　D. 上述 3 个原因

(17) 下面无符号数中最小的一个数是(　　)。

A. $(11011001)_2$　　B. 75　　C. $(37)_8$　　D. $(2A)_{16}$

(18) 无符号二进制数 1001101011 转换为等值的八进制数是(　　)。

A. 4651　　B. 1153　　C. 9AC　　D. 26B

(19) 无符号二进制数 1001101011 转换为等值的十六进制数是(　　)。

A. 4651　　B. 1153　　C. 9AC　　D. 26B

(20) 在一个非零的二进制数后增加一个 0 后的数是原来的(　　)倍。

A. 1 倍　　B. 2 倍　　C. 3 倍　　D. 4 倍

(21) 下列叙述中,正确的是(　　)。

A. 任何一个十进制小数都可以用有限位二进制小数精确地表示出来

B. 在一种数制中,最小的数码是 0,而最大的数码是基数本身

C. 按字符的 ASCII 码比较,字符 A 比 a 大

D. 负数的补码的补码是其原码

(22) 字符的 ASCII 码的表示方法是: 使用 8 位二进制码并且(　　)。

A. 最低位为 0　　B. 最低位为 1　　C. 最高位为 0　　D. 最高位为 1

(23) 下列无符号数中最大的是(　　)。

A. 101　　B. $(66)_{16}$　　C. $(145)_8$　　D. $(01100101)_2$

(24) 以下 4 个数未标明属于哪一种数制，但是可以断定(　　)不是八进制数。

A. 1234　　B. 5678　　C. 1111　　D. 1103

(25) 与十进制数 230 等值的十六进制数是(　　)。

A. E6　　B. F6　　C. E2　　D. F2

(26) 已知数字字符 0 的 ASCII 码是 48，则数字字符 9 的 ASCII 码是(　　)。

A. 32　　B. 9　　C. 39　　D. 57

(27) 十进制数－100 的 8 位二进制补码是(　　)。

A. 10011100　　B. 11100100　　C. 00011011　　D. 10011011

(28) 在表示存储器的容量时，1MB 的准确含义是(　　)字节。

A. 1000K　　B. 1024×1024　　C. 512×512　　D. 2048×2048

(29) 一台微型计算机的内存容量为 2G，指的是该微机的内存是 2G 个(　　)。

A. 位　　B. 字　　C. 字节　　D. 块

(30) 已知字母 a 的 ASCII 码是 97，则字母 f 的 ASCII 码是(　　)。

A. 100　　B. 101　　C. 102　　D. 103

4. 抽象下列问题，写出问题求解的表达式

(1) 假设银行利息不变，求若干本金在多年后，定期 1 年的本金和利息之和是多少。

(2) 在竖直平面内有一根长 L=20cm 的不可伸缩的绳子，一端固定，另一端挂一个小球。绳子在初始状态偏离平衡位置 x0=10°，求任意时刻绳子与平衡位置的角度(g 取 9.8m/s^2)。

(3) 判断一个整数是否为偶数。

(4) 判断某一年是否为闰年。

(5) 舞蹈队要招生，报名条件为：女生，12 岁以下(含 12 岁)；男生，15 岁以下(含 15 岁)。判断报名的人是否满足招生条件。

二、提高 C++ 语言程序设计能力练习

1. 填空题

(1) 数据类型是对实体的抽象，一种数据类型描述了某类实体的________，包括值的表示、占用的存储空间以及相应的操作方法。________是指一些通用的数据类型，已由 C++ 预先定义好，程序员可以直接使用。________是程序员自己根据实际问题的需要定义的数据类型。

(2) 常量是在程序运行过程中不变的量。可将常量分为________和________。直接常量就是通常所说的常数。符号常量就是来表示一个常量的________，由关键字________来定义。

(3) 变量是在程序运行过程中可以发生变化的数据。变量和符号常量一样，必须________。

(4) 在定义变量的同时可以为其赋一个初值，称为________。

(5) 在 C++ 中，八进制常量以 0 开头，十六进制常量以 0x 或 0X 开头。例如，015 和

0x15。写出下面程序的运行结果________。

```
#include <iostream>
using namespace std;
int main()
{
    int a, b,c;
    a=15;
    b=015;
    c=0x15;
    cout<<a<<"  "<<b<<"  "<<c<<endl;
    cout<<'a'<<"  "<<'b'<<"  "<<'c'<<endl;
    return 0;
}
```

(6) ________是编译器能够识别的具有运算含义的符号。

(7) 根据操作数个数的不同,可将运算符分为3类:________、________和________。

(8) ________是由运算符将常量、变量、函数等连接起来的式子,一个合法的C++表达式经过运算应有一个某种类型的确定的值。

(9) 在对一个由多种运算符构成的表达式求值时,运算顺序由运算符的________决定。

(10) 运算符的________是指运算符和操作数的结合方式。

(11) 计算一个表达式的值一般需要引用一些变量。在表达式求值过程中,只提取这些变量的值,但不改变这些变量的值,这样的表达式称为________的表达式。一个表达式在求值过程中,对使用的变量不但提取变量的值,而且还对它们的值加以改变,这样的表达式称为________的表达式。有副作用的运算符包括________、________和________。

(12) 在C++语言标准中只对几个运算符规定了表达式求值的顺序,它们是________、________、________和________。

(13) 在C++中,两个整数相除,商为________,小数部分________,不进行________。

(14) 各种赋值运算符都是有副作用的运算符,它们所作用的对象必须是其值允许改变的变量,即赋值运算符的左操作数必须是一个存放数据的空间,这种变量也被称为________。

(15) 复合赋值运算符是把其右边的<表达式>作为________来进行运算的。

(16) 关系表达式和逻辑表达式的数据类型都是________。

(17) 判断字符变量ch是否为英文字母的逻辑表达式是:________________________。

(18) 判断字符变量ch是否为数字字符的逻辑表达式是:________________________。

(19) 在C++语言中规定的&&和||运算符的求值顺序是从左到右求值,如果逻辑表达式的值已经能够确定了,就不再继续进行下面的计算了,也就是常说的________。

(20) C++中只有一个三目运算符,它是________。

(21) 逗号运算符"<表达式1>,<表达式2>,…,<表达式n>"的求值顺序是:

① 依次求解表达式1,表达式2,…,表达式n的值。

② ________的值就是整个逗号表达式的值。

(22) C++中的________运算符是一个单目运算符,用于计算数据类型、变量或常量,即占用内存的字节数。

(23) sizeof("中国人")的值为________,sizeof(double)的值为________,sizeof(10+'a')的值为________。

(24) C++ 中,int 型数据的长度是________,字符型变量的长度是________,字符串常量"12345678"的长度是________。

(25) 在一个表达式后面加上分号就构成了________,C++ 的程序就是由各种类型的多条语句构成的。

(26) C++ 采取两种方法对数据类型进行转换:________和________。

(27) 表达式"x<0? -x:x"的功能是________。

(28) 若 n 为整型,则表达式"n=5/3"的值是________,表达式"(float)5/3"的值是________,表达式"float(5/3)"的值是________。

(29) 若 x、y 为 double 型,则表达式"x=1,y=1,y+=x+++1/2"的值是________,x 的值是________,y 的值是________。

(30) 若 x、y 为 double 型,则表达式"x=1,y=1,y+=++x+1/2"的值是________,x 的值是________,y 的值是________。

(31) 若 x 的值为 10,则表达式"x%-3"的值为________,表达式"x%3"的值为________。

(32) 若 x 的值为-10,则表达式"x%-3"的值为________,表达式"x%3"的值为________。

(33) 设 n=5,x=1.3,y=5.8,算术表达式"z=y+n/3*(int)(x+y)%4"的值是________、z 的值是________。

(34) 已知 a、b 为整型变量且值都为 1,表达式"a=3,b=2,a++,++b,a*b"的值是________,此时 a 的值是________,b 的值是________。

(35) 已知 a、b 为整型变量且值都为 1,表达式"a=(3,b=2,a++,++b,a*b)"的值是________,此时 a 的值是________,b 的值是________。

(36) 已知 a、b、c 的值分别为 2、5、1,逻辑表达式"'0' || (a++) && (++b) || (c=3)"的值是________,a、b、c 的值分别________、________、________。

(37) 执行下面语句后,输出结果是________,a、b、c 的值分别________、________、________。

```
int a=010, b=10,c=0x10;
cout<<++a<<','<<b--<<','<<c++<<endl;
```

(38) 设 int m=5,float x=14.5,执行 m+x 时,C++ 会首先将________的值转换成________数据类型,再进行计算。

(39) sqrt(x)是求一个 double 数的平方根的函数,写出下面程序的运行结果________。

```
#include <iostream>
#include <cmath>
using namespace std;
int main()
```

```
{
    int a=1;
    double y,b(10);
    y=a%10+int(sqrt(b));
    cout<<y<<endl;
    return 0;
}
```

(40) 下面程序的输出结果是________。

```
#include <iostream>
using namespace std;
int main()
{
    int i=3, j=2, a, b, c;
    a=(--i==j++)?--i:++j;
    b=i++;
    c=j;
    cout<<a<<','<<b<<','<<c<<endl;
    return 0;
}
```

2. 判断题

(1) C++ 语言已预先解决了整型、浮点型、字符型和逻辑型等基本数据在计算机中如何表示、占用多少存储空间以及可以进行的操作等问题,程序员可以直接使用这些基本数据类型的数据来描述和处理自己的问题。 ( )

(2) C++ 中默认的整型常量的数据类型是 long int 型。 ( )

(3) C++ 中默认的浮点型常量的数据类型是 double 型,表示 float 型常量要以字母 F 或 f 结尾。 ( )

(4) 在 C++ 中,用一对双引号将字符括起来表示字符常量。其中,双引号只是字符与其他部分的分隔符,不是字符的一部分。 ( )

(5) 为了能够识别字符串结束位置,C++ 系统会在字符串的末尾自动添加一个 ASCII 编码为 00H 的字符'\0'(又称空字符)作为字符串的结束符,所以每个字符串的存储长度总是比其实际长度(字符个数)多 1。 ( )

(6) 在 C++ 中,无论是符号常量还是变量,都必须"先定义,后使用"。 ( )

(7) 已知"int m=1,n=2;",则 m/n 的值为 0.5。 ( )

(8) 已知"double x=10,y=3;",则 x%y 的值为 1。 ( )

(9) 前缀和后缀运算符++,当它们出现在表达式中,表达式的值会有所不同。( )

(10) 赋值表达式具有计算和赋值双重功能。 ( )

(11) 用 C++ 表示数学 xy 的表达式是"x * y"。 ( )

(12) 用 C++ 表示数学关系 0≤x≤100 的表达式形式是"0<=x<=100"。 ( )

(13) 关系表达式值的数据类型为逻辑型。 ( )

(14) 算术表达式“12＋'a'”值的数据类型是 char 型。　(　　)

(15) 表达式“x＋1＞y－2”是算术表达式。　(　　)

(16) 逻辑运算符的优先级从高到低分别是逻辑非、逻辑或和逻辑与。　(　　)

(17) 将浮点型数据赋值给整型变量时，转换后的值可能丢失小数部分，原来的值也可能超出目标类型的取值范围，导致结果错误。　(　　)

(18) 逻辑型数据参与算术运算或关系运算时，true 被转换成 1，false 被转换成 0。(　　)

(19) 在对表达式求值的过程中，C++ 会将操作数全部转换成同一个数据类型之后，再进行计算。　(　　)

(20) C++ 规定的逗号表达式的求值顺序为：①从左向右依次求每一个表达式的值；②最后一个表达式的值就是整个逗号表达式的值。　(　　)

3. 选择题

(1) 以下各选项中，非法的变量名是(　　)。

A. No_1　　B. No123　　C. 2name　　D. sumOfStudent

(2) 下面定义变量语句中，错误的是(　　)。

A. int x(10), y(10);　　B. int x=y=10;

C. int x=10, y=10;　　D. int x=10, y=x;

(3) 运算符优先级按由高到低顺序排列正确的是(　　)。

A. =,||,!=,%　　B. =,%,||,!=

C. %,!=,||,=　　D. ||,!=,%,=

(4) 在 C++ 中，要求操作数必须是整型的运算符是(　　)。

A. %　　B. &&　　C. /　　D. <=

(5) 设 i、j、k 都是变量，下面不正确的赋值表达式是(　　)。

A. i++　　B. i=j=k　　C. i=j==k　　D. i+j=k

(6) 若 m、n 为整型，x 为实型，ch 为字符型，下列赋值语句中正确的是(　　)。

A. m+n=x;　　B. m=ch+n;

C. x=(m+1)++;　　D. m=x%n;

(7) 若整型变量 a、b、c、d、m、n、k 的值均为 1，运行表达式“(m=a>=b)&&(n=c<=d)||(k=0)”后，m、n、k 的值是(　　)。

A. 0、0、0　　B. 1、1、1　　C. 1、1、0　　D. 0、1、1

(8) 整型变量 m 和 n 的值都为 3，下列表达式中结果为 0 的是(　　)。

A. m&&n　　B. m&n　　C. m|n　　D. m^n

(9) 下面语句的输出结果是(　　)。

```
int x=6, y=3;
cout<<(x++,--y,x%y, x/y)<<','<<x<<','<<y<<endl;
```

A. 3,7,2　　B. 1,6,3　　C. 0,6,3　　D. 4,7,2

(10) 变量 x 表示成绩，C++ 中表示 0≤x≤100 的表达式是(　　)。

A. 0<=x<=100　　B. 0<=x && x<=100

C. 0<=x ! <=100　　　　D. 0<=x || x<=100

(11) 下面说法中正确的是(　　)。

A. 空语句就是一个空行　　　　B. 空语句是什么也不输出的语句

C. 复合语句就是多条语句　　　　D. 复合语句逻辑上是一条语句

(12) C++ 中,常量 99.78 默认的数据类型是(　　)。

A. int　　B. float　　C. double　　D. long double

(13) C++ 中常量 123 默认的数据类型是(　　)。

A. int　　B. float　　C. double　　D. long double

(14) 表达式"70 * 43.6f+34"数据类型是(　　)。

A. float　　B. double　　C. long double　　D. 错误的表达式

(15) 表达式"100+43.6 * 'a'"数据类型是(　　)。

A. float　　B. double　　C. long double　　D. 错误的表达式

(16) 表达式"'0'+30"的值为(　　)。

A. 30　　B. 95　　C. 78　　D. 错误的表达式

(17) 表达式"sqrt(b * b-4 * a * c)>=0 && a! =0"是(　　)表达式。

A. 算术　　B. 关系　　C. 逻辑　　D. 函数

(18) 下面程序的运行结果是(　　)。

```
#include <iostream>
using namespace std;
int main()
{
    char a='1';
    cout<<++a<<",";
    cout<<a+1<<endl;
    return 0;
}
```

A. 2,2　　B. 2,51　　C. 50,51　　D. 2,3

(19) 下面程序的运行结果是(　　)。

```
#include <iostream>
using namespace std;
int main()
{
    int b='1';
    cout<<++b<<",";
    cout<<b+1<<endl;
    return 0;
}
```

A. 2,2　　B. 2,51　　C. 50,51　　D. 2,3

(20) 下列表达式中的值为 1 的是(　　)。

A. 1-'0'　　B. 1-'\0'　　C. '1'-0　　D. '\0'-'0'

2.3　课后习题参考答案

一、计算机中数据的表示与处理练习题

1. 填空题

（1）00000000、11111111、0、255、11111111、01111111、－127、＋127、10000000、01111111、－128、＋127

（2）8、ASCII、0

（3）2、1、机内码（内码）

（4）2、32

（5）00100011、00100011、10100011、11011101

（6）数码、规则、0 和 1、逢二进一

（7）按权展开求和、除基取余法、乘基取整法

（8）2 的 n 次方

（9）位（bit）、字节（byte）、字（word）

（10）ASCII、00000000、01111111

2. 判断题

（1）×	（2）×	（3）√	（4）×	（5）×
（6）×	（7）√	（8）×	（9）×	（10）√

3. 选择题

（1）B	（2）A	（3）C	（4）D	（5）D
（6）A	（7）C	（8）B	（9）B	（10）C
（11）A	（12）D	（13）A	（14）D	（15）C
（16）D	（17）C	（18）B	（19）D	（20）B
（21）D	（22）C	（23）B	（24）B	（25）A
（26）D	（27）A	（28）B	（29）C	（30）C

4. 抽象下列问题，写出问题求解的表达式

（1）由于银行一年期存款本金和利息之和由 3 个因素决定，即存储用户的本金和所存的年数以及存储的一年期的年利率，因此分别用 p、n 和 R 来描述。由于银行利息不变，所以是常量。下面用 P_n 来描述存款本金和利息之和。根据已有的知识，银行本金和利息之和的计算公式为：

$$P_n = p(1+R)^n。$$

（2）令 x 表示偏离角度，根据题目条件可知绳子的运动学方程为 $x = x_0\cos(\omega t)$，其中

$\omega=\sqrt{\frac{g}{L}}$，t 为运动时间。所以，根据用户输入的不同运动时间，计算 x 的值即为问题的解。解决该问题的表达式如下：

$$x=x_0\cos\left(\sqrt{\frac{g}{L}}t\right)$$

其中，$x_0=10$，L=20，g=9.8m/s^2

(3) 令 m 表示待判断的整数。m 是偶数的条件是能被 2 整除，即 m 可能是正偶数、负偶数或 0。

由于如果整数 m 对 2 取余数为 0，则 m 能被 2 整除。所以，判断整数 m 是否为偶数的逻辑表达式为：

(m mod 2)==0

其中，mod 为取余运算。

上面表达式的值若为真，则表示 m 是偶数；否则，m 不是偶数。

(4) 令 y 表示年份。能被 4 整除但不能被 100 整除的年份，或者能被 400 整除的年份，是闰年。根据上述第(3)题，两个数相除余数为 0 表示这两个数能够整除。另外，条件 1 是能被 4 整除但不能被 100 整除这两个条件同时满足的年是闰年，即能被 4 整除和不能被 100 整除这两个子条件是逻辑与的关系；条件 2 是被 400 整除的年是闰年，满足条件 1 或条件 2 都是闰年，可见条件 1 和条件 2 是逻辑或的关系。所以，判断 y 是否为闰年的逻辑表达式为：

(y mod 100)!=0 && (y mod 4)==0 || (y mod 400)==0

其中，|| 表示逻辑或，&& 表示逻辑与。

上面表达式的值若为真，则表示 y 是闰年；否则，y 不是闰年。

(5) 令 x 表示年龄，s 表示性别。报名条件 1 是“女生，12 岁以下(含 12)”，即“女生”和“12 岁以下(含 12)”这两个条件要同时满足，是逻辑与的关系。报名条件 2 是“男生，15 岁以下(含 15)”，即“男生”和“15 岁以下(含 15)”这两个条件要同时满足，也是逻辑与的关系。满足条件 1 或条件 2 都可以报名，可见条件 1 和条件 2 是逻辑或的关系。所以，满足舞蹈队招生条件的逻辑表达式为：

x<=12 && s=“女” || x<=15 && s=“男”

上面表达式的值若为真，则满足报名条件；否则，不满足报名条件。

二、提高 C++ 语言程序设计能力练习

1. 填空题

(1) 基本特性、基本数据类型、非基本数据类型

(2) 直接常量、符号常量、标识符、const

(3) 先定义，后使用

(4) 变量初始化

(5) 15　13　21

　a　b　c

(6) 运算符
(7) 单目运算符、双目运算符、三目运算符
(8) 表达式
(9) 优先级
(10) 结合性
(11) 无副作用、有副作用、自增、自减、赋值
(12) 逻辑与运算符、逻辑或运算符、条件运算符、逗号运算符
(13) 整数、全部舍去、四舍五入
(14) 左值
(15) 一个整体
(16) 逻辑型
(17)

```
ch>='a' && ch<='z' || ch>='A' && ch<='Z'
```

或者

```
ch>=97 && ch<=122 || ch>=65 && ch<=90
```

(18)

```
ch>='0' && ch<='9'
```

或者

```
ch>=48 && ch<=57
```

(19) 短路运算
(20) 条件运算符或“?:”
(21) 表达式 n
(22) sizeof
(23) 7、8、4
(24) 4、1、9
(25) C++ 的语句
(26) 隐式转换(又称自动转换)、显式转换(又称强制转换)
(27) 求 x 的绝对值
(28) 1、1.66667、1
(29) 2、2、2
(30) 3、2、3
(31) 1、1
(32) −1、−1
(33) 8.8、8.8
(34) 12、4、3
(35) 6、6、3

(36) true、2、5、1

(37) “9,10,16”、9、9、17

(38) m、float

(39) 4

(40) 1、1、3

2. 判断题

(1) √	(2) ×	(3) √	(4) ×	(5) √
(6) √	(7) ×	(8) ×	(9) √	(10) √
(11) √	(12) ×	(13) √	(14) ×	(15) ×
(16) ×	(17) √	(18) √	(19) ×	(20) √

3. 选择题

(1) C	(2) B	(3) C	(4) A	(5) D
(6) B	(7) B	(8) D	(9) A	(10) B
(11) D	(12) C	(13) A	(14) A	(15) B
(16) C	(17) C	(18) B	(19) C	(20) B

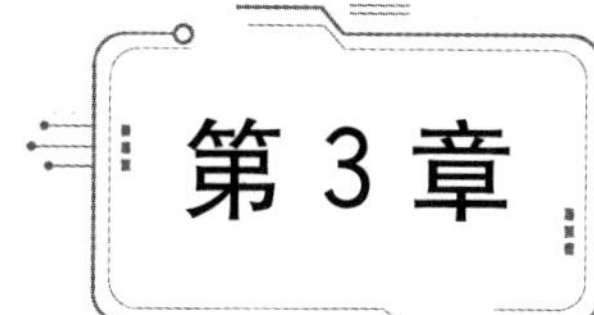

第3章 选择与迭代算法

导 学

【实习目标】

- 面向要解决的实际问题，能够判断出是否需要进行选择处理、嵌套选择处理、迭代处理、嵌套迭代处理或选择迭代嵌套处理。
- 能够设计出与程序设计语言无关的选择算法和迭代算法。
- 能够使用 C++ 语言或其他高级程序设计语言实现所设计的算法。
- 掌握关系表达式和逻辑表达式在实现选择和迭代算法中的作用。

3.1 课程实习

1. 对于下面的函数：

$$f(x)=\begin{cases} x+2.5 & (1<x\leqslant 2) \\ 4.35x & (-1<x\leqslant 1) \\ x & (x\leqslant -1) \end{cases}$$

(1) 设计求解该函数的算法。

步骤	处　　理

(2) 用C++语言或其他高级程序设计语言写出实现该算法的程序核心代码。

(3) 上机调试并测试你的程序。

2. 对于如下表达式：

$$1!+2!+3!+4!+\cdots+n!$$

(1) 设计求解该表达式的算法。

步骤	处　　理

(2) 用 C++ 语言或其他高级程序设计语言写出实现该算法的程序核心代码。

(3) 上机调试并测试你的程序。

3. 非线性方程求解问题可以描述为：求使得非线性方程 $f(x)=0$ 的 x。牛顿迭代法是求解非线性方程的一种重要方法。牛顿迭代法是一种在实数域和复数域上通过迭代计算求出非线性方程的数值解的方法。牛顿迭代法本质是用非线性函数 $f(x)$ 的泰勒级数展开式的前几项作为它的线性近似表达式，将非线性函数线性化，求一个线性函数的近似解。下面讨论的 $f(x)$ 即为需求解的线性函数。图 3-1 所示的是牛顿迭代法的示意图。

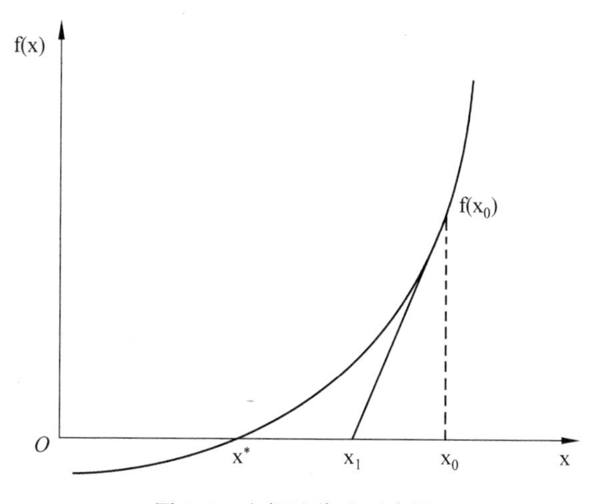

图 3-1　牛顿迭代法示意图

牛顿迭代法也称为切线法，它的基本思想是：利用一个根的猜测值 x_0 作为初始近似值，过函数 $f(x)$ 曲线上的 $f(x_0)$ 点作切线交 x 轴于 x_1，曲线在 $f(x_0)$ 点的斜率为：

$$f'(x_0)=f(x_0)/(x_0-x_1)$$

可得：

$$x_1=x_0-f(x_0)/f'(x_0)$$

重复上述过程，可得牛顿迭代公式：

$$x_{n+1}=x_n-f(x_n)/f'(x_n)$$

得到的 x_{n+1} 一次比一次更接近方程的根 x^*。当两次求得的根的差满足精度 ξ 要求时，即

$$|x_{n+1}-x_n|<\xi$$

就认为 x_{n+1} 是方程 $f(x)$ 的近似解。

牛顿迭代法在使用时是受条件限制的。这个限制就是牛顿迭代法的局部收敛性。

定理 假设 $f(x)$ 在 x^* 的某邻域内具有连续的二阶导数，且设 $f(x^*)=0$，$f'(x^*)\neq 0$，则对充分靠近 x^* 的初始值 x_0，牛顿迭代法产生的序列 $\{x_n\}$ 收敛于 x^*。

牛顿迭代法局部收敛性要求初始点要取得合适，否则会导致错误结果。

下面用牛顿迭代法求一元方程 $5x^3-3x^2+2x-8=0$ 在 $x=1.1$ 附近的根，要求的精度为 10^{-6}。

(1) 设计用牛顿迭代法求解方程近似解的算法。

步骤	处　　理

(2) 用 C++ 语言或其他高级程序设计语言写出实现该算法的程序核心代码。

(3) 上机调试并测试你的程序。

3.2 课后习题

一、算法设计

1. 请设计“判断一个整数是奇数还是偶数”的算法。

2. 请设计“判断一个正整数是否是素数”的算法。

3. 请设计“求一元二次方程 $ax^2+bx+c=0$ 的根”的算法。请考虑以下4种情况：

① $a=0$，不是二次方程。

② $b^2-4ac=0$，并且 $a\neq0$，有两个相等实根。

③ $b^2-4ac>0$，并且 $a\neq0$，有两个不相等实根。

④ $b^2-4ac<0$，并且 $a\neq0$，有两个共轭复根。

4. 请设计“在直角坐标系中有一个以(5,5)为中心的单位圆，对于任意一个点 p(x,y)，判断该点是在单位圆内、单位圆上或单位圆外”的算法。

5. 请设计“输出如图3-2所示的图案”的算法。

6. 请设计“计算 $1-\frac{1}{3}+\frac{1}{5}-\frac{1}{7}+\cdots-\frac{1}{99}$”的算法。

7. 已知2的平方根约等于1.4。2的平方根等价于求方程 $f(x)=x^2-2=0$ 的解。设计用牛顿迭代法求解2的平方根的算法，精度为 10^{-6}。

8. 请设计“把n元人民币换成5分、2分、1分的硬币，计算有多少种换法”的算法。

图3-2 图案

二、提高C++语言程序设计能力练习

1. 填空题

(1) 处理过程中的一些步骤需要根据不同的情况进行不同的处理，这种情况就是________。

(2) 对于需要进行单路选择处理的问题，C++提供了相应的________语句，用户可以使用该语句编写程序，让计算机完成问题的求解。

(3) 使用计算思维中经常使用的迭代思想，设计出________，可以将算法中重复步骤简要、清楚地描述出来，使算法变短因而增加其可读性。

(4) 用C++提供的________来实现迭代算法。

(5) ________来实现一个语句(或一组语句)的重复处理，直到某个条件满足才停止。

(6) 下面用C++描述的迭代算法的功能是求________。

```
int power=1,i=1;
while (i<=10)
{
    power=power * 2;
```

```
        i++;
    }
```

(7) 在循环语句的＜循环体＞或＜测试条件＞部分必须有改变循环条件、使＜测试条件＞表达式最终成为假的语句，否则＜测试条件＞永远为真，造成无法退出循环，即所谓的________。

(8) 在一个迭代算法中，重复处理的每一步还包含了迭代算法，这就构成了________。

(9) switch 语句中的＜测试条件＞表达式只能是________、字符型或枚举型的表达式。

(10) 在执行 switch 语句的某个＜常量表达式＞后面的分支语句序列时，只有遇到 break 语句时才跳出 switch 语句，否则将________后面的分支语句序列。

(11) 下面程序的运行结果是________。

```
#include <iostream>
using namespace std;
int main()
{
    int a=4,b=5,c=6,d=3;
    if(a>b)
        if(c>b)
            cout<<--d+1;
        else
            cout<<++d+1;
    cout<<d<<endl;
    return 0;
}
```

(12) 若 i、j 为整型变量，则下面程序段中的“cout＜＜i*j;”共执行________次。

```
for(i=10; i; i--)
    for(j=0; j<10; j++)
    {
        cout<<i*j;
    }
```

(13) 下面程序的运行结果是________。

```
#include <iostream>
using namespace std;
int main()
{
    int m=10;
    while(--m);
    m+=5;
    cout<<m;
    return 0;
}
```

(14) 下面程序段中循环执行的次数是________,i 的最终值是________。

```
int i=10;
do
    i++;
while ( i=0 );
```

(15) 下面程序段的输出结果是________。

```
int sum=0;
for (int i=0,sum=1;i<4;i++)
    for (int j=0; j<i; j++)
        sum+=1;
cout<<sum;
```

(16) 执行下面的程序时,若从键盘输入"a1b2w3z4 *",则输出结果是________。

```
#include <iostream>
using namespace std;
int main( )
{
    char c;
    cin>>c;
    while(c!='*')
    {
        if(c>='a' && c<='z')
        {
            c++;
            if(c=='z'+1)
                c='a';
            cout<<c;
        }
        cin>>c;
    }
    return 0;
}
```

(17) 下面程序段的输出结果是________。

```
int m=3;
while(!m)
{
    cout<<m--<<endl;
}
cout<<m;
```

(18) 下面程序段中,while 循环的循环次数是________。

```
int k=1;
```

```
while(! k==0) k =k+1;
```

(19) 下面程序段的运行结果是________。

```
int i, sum=0;
for(i=1; i<=3; sum++)
    sum+=i;
cout<<sum<<endl;
```

(20) 下面程序段将输出________个“您好!”。

```
int i=-5;
while(i++)
{
    cout<<"您好!"<<endl;
}
```

2. 判断题

(1) if 语句中的(<测试条件>)不能缺少,且<测试条件>只能是逻辑类型的表达式。 ( )

(2) 语句 for(i=0;;i++)和 for(;;)都表示一次也不循环。 ( )

(3) 选择语句和循环语句中测试条件表达式的类型必须是关系表达式。 ( )

(4) 嵌套选择就是某选择语句的分支语句还包含了选择语句。 ( )

(5) 选择语句中的分支语句在逻辑上是一条语句,当一个分支功能需要多条语句才能完成时,就需要使用复合语句。 ( )

(6) 循环语句的循环体在逻辑上是一条语句,当一个循环体需要多条语句才能完成时,必须用花括号将它们括起来。 ( )

(7) while 语句中的测试条件表达式和 for 语句中的表达式 2 都能缺省。 ( )

(8) 使用 C++ 的循环语句中再包含循环语句(通常被称为多重循环)来实现嵌套的迭代算法。 ( )

(9) 以下程序段的功能是计算 10!。 ( )

```
int n=1,i=1;
while(i<=10);
    n=n*i++;
cout<<n;
```

(10) 如果 x=10,那么 while(x)与 while(x==10)都可以进入循环体。 ( )

3. 选择题

(1) C++ 规定,else 与( )相匹配。

A. 同一列的 if　　B. 同一行上的 if

C. 之后最近的未与其他 else 匹配的 if　　D. 之前最近的未与其他 else 匹配的 if

(2) 下面关于循环语句的叙述中,正确的是( )。

A. for 循环只能用于循环次数已知的情况

B. for 循环与 while 循环一样，都是先执行循环体后判断条件

C. for 循环的循环体内不能出现 while 语句

D. 无论哪种循环，都可以从循环体内转移到循环体外

(3) 以下不正确的代码段是(　　)。

A.
```
if(x>y);
```

B.
```
if(0=x)
    x+=y;
```

C.
```
if(x!=y) cin>>x;
    else cin>>y;
```

D.
```
if(x<y)
    { x++; y++;}
```

(4) 下面的描述，不正确的是(　　)。

A. 语句 for(i=0;;i++)表示无限循环　　B. 语句 for(;;)表示无限循环

C. 语句 for( )表示无限循环　　D. while(1)表示无限循环

(5) 下面关于 break 语句的描述中，不正确的是(　　)。

A. break 语句用于 if 语句中将退出该 if 语句

B. break 语句用于循环体内将退出该循环

C. break 语句用于 switch 语句中将退出该 switch 语句

D. break 语句在一个循环体内可以多次出现

(6) 下面各组语句中，不是死循环的是(　　)。

A.
```
int i=0;
do
{
    ++i;
} while(i>=0);
```

B.
```
int k=100;
while(1)
{   k=k%100+1;
    if( k==20) break;
}
```

C.
```
int j, sum(0);
for(j=1; ; j++)
    sum++;
```

D.
```
int a=3379;
while(a++%2+3%2)
    a++;
```

(7) 下面程序段执行后的输出结果为(　　)。

```
int m=1;
for(int i=0; i<4; i++)
    for(int j=0; j<i; j++)
        m+=1;
        cout<<m;
```

A. 7　　B. 17　　C. 6　　D. 16

(8) 下面各程序段不能实现求 n!功能的是(　　)。

A.
```
int i, p,n;
cin>>n;
for(i=1,p=1; i<=n; i++)
    p*=i;
```

B.
```
int i, p,n;
cin>>n;
for(i=1; i<=n; i++)
    {p=1; p*=i; }
```

C.
```
int i=1, p=1,n;
cin>>n;
while(i<=n)
{ p*=i; ++i; }
```

D.
```
int i=1, p=1,n;
cin>>n;
do
{ p*=i; ++i; }while(i<=n);
```

(9) 运行以下程序时，如果由键盘输入 9 2，则输出结果是(　　)。

```
#include <iostream>
using namespace std;
int main()
{
    int m, n;
    cout<<"Input m, n:";
    cin>>m>>n;
    while(m!=n)
    {
        while(m>n) m-=n;
        while(n>m) n-=m;
    }
    cout<<m<<endl;
    return 0;
}
```

A. 3　　B. 2　　C. 1　　D. 0

(10) 下面程序的运行结果是(　　)。

```
#include <iostream>
using namespace std;
int main()
{
    int n,s=0;
    for(n=0;n++<=2;)
    s+=n;
    cout<<n<<","<<s<<endl;
    return 0;
}
```

A. 4,6　　B. 3,4　　C. 3,3　　D. 有语法错误

(11) 下面程序的运行结果是(　　)。

```
#include <iostream>
using namespace std;
int main()
{
    for(int a=0,x=0;!x && a<=10;a++)
    {
        a++;
    }
    cout<<a<<endl;
```

```
    return 0;
}
```

A. 10　　B. 11　　C. 12　　D. 0

(12) 下列语句中不正确的是(　　)。

A. for(int a=1;a<=10;a++);

B. int a=1;do { a++; }while(a<=10)

C. int a=1;while(a<=10) { a++; }

D. for(int a=1;a<=10;a++)a++;

(13) 下面关于for循环的正确描述是(　　)。

A. for循环只能用于循环次数已经确定的情况

B. for循环是先执行循环体语句,后判断表达式

C. 在for循环中,不能用break语句跳出循环体

D. for循环的循环体语句中,可以包含多条语句,但必须用花括号括起来

(14) 下面的循环体执行的次数与其他不同的是(　　)。

A. i= 0; while(++i <= 100) { cout<< i << " "; }

B. for(i = 0; i < 100; i++) { cout << i << " "; }

C. for(i = 100; i >= 0; i--) { cout << i << " "; }

D. i= 100; do { cout << i <<" "; } while(--i > 0);

(15) C++语言的跳转语句中,对于break和continue说法正确的是(　　)。

A. break语句只应用于循环体中

B. continue语句只应用于循环体中

C. break是无条件跳转语句,但continue不是

D. break和continue的跳转范围不够明确,容易产生问题

3.3　课后习题参考答案

一、算法设计

1. **问题求解思路**:判断一个整数是奇数还是偶数的方法是:判断该数是否能被2整除,能被2整除的数是偶数,否则就是奇数。所以,这是一个选择算法。解决该问题的算法如表3-1所示。

表3-1　求解第1道算法设计题的算法

步骤	处　　理
1	用n来存储要判断的整数
2	对整数n,进行如下操作: 　　如果n除以2的余数为0, 　　　　整数n是偶数; 　　否则, 　　　　整数n是奇数

2. **问题求解思路**：素数是指在一个大于1的自然数中，除了1和此整数自身外，不能被其他自然数整除的数。所以，假设要判断n是否为素数，如果n不能被2～n－1的任何一个数整除，则n是素数；否则，n就不是素数。事实上，上述算法还有两个地方可以优化：

(1) 判断n是否为素数，只需判断n是否能被2～$\sqrt{n}$内的数整除就可以了。

(2) "n不能被2到$\sqrt{n}$的任何一个整数整除"的判断是一个重复操作，该重复操作在发现一个能整除n的数(如i)就可以停止，因为已经可以知道n不是素数，不需要再进行下面的i＋1～$\sqrt{n}$这些数的判断了。

所以，这是一个迭代与选择嵌套的算法。解决该问题的算法如表3-2所示。

表3-2 求解第2道算法设计题的算法

步骤	处　理
1	将n用来存储要判断的整数
2	对整数n，进行如下操作： 　① 令m＝$\sqrt{n}$。 　② i的取值范围是2～m，进行如下操作： 　如果n能被2整除，则停止下面i＋1～m的判断。 　③ 如果退出循环时i≤m，表明n能被2～$\sqrt{n}$的某一个整数整除， 　　则输出"n不是素数"的结果； 　否则， 　　输出"n是素数"的结果

3. **问题求解思路**：将a、b、c分别用于存放一元二次方程$ax^2+bx+c=0$的系数，题目中已经给出了判断该方程根的情况的关系或逻辑表达式，所以用选择算法就可以解决该问题。可以采用4个选择处理，也可以采用选择嵌套处理。表3-3采用了选择嵌套的方法来解决该问题。

表3-3 求解第3道算法设计题的算法

步骤	处　理
1	将a、b、c分别用于存放一元二次方程$ax^2+bx+c=0$的系数
2	如果a＝0， 　则输出"此方程不是一元二次方程"； 否则， 　如果$b^2-4ac=0$， 　　则输出"此方程有两个相等的实根"； 　否则， 　　如果$b^2-4ac>0$， 　　　则输出"此方程有两个不相等的实根"； 　　否则， 　　　则输出"此方程有两个共轭复根"

4. **问题求解思路**：将平面上任意一个点p的坐标用(x,y)表示，设d是该点到圆心的距离，则$d=\sqrt{(x-5)^2+(y-5)^2}$。d<1，表明点p在圆内；d＝1，表明点p在圆上；d>1，表明点p在圆外。解决该问题的算法如表3-4所示。

表 3-4　求解第 4 道算法设计题的算法

步骤	处　　理
1	将任意一个点 p 的坐标用(x,y)表示
2	进行如下操作： 　　令 $d=\sqrt{(x-5)^2+(y-5)^2}$ 　　如果 d<1, 　　　　输出“点 p 在圆内”的结果； 　　如果 d=1, 　　　　输出“点 p 在圆上”的结果； 　　如果 d>1, 　　　　输出“点 p 在圆外”的结果

提示：因 d 在多数情况下是浮点数，而浮点数一般不进行精确比较。对于该题目，实际编程实现时须将 3 个条件分别改为 $d<1-\varepsilon$,$d>=1-\varepsilon$&&$d<=1+\varepsilon$ 和 $d>1+\varepsilon$。

5. **问题求解思路**：假设最后一行***********的前面有 4 个空格。分析图案的规律发现：第 1 行需要连续输出 4+5 个空格后，再输出 1 个 *；第 2 行需要连续输出 4+4 个空格后，再连续输出 3 个 *；第 3 行需要连续输出 4+3 个空格后，再连续输出 5 个 *；……；第 i 行需要连续输出 4+6−i=10−i 个空格后，再连续输出 2i−1 个 *。总共输出 6 行，需要进行 6 次循环，每次循环中嵌套两个循环，一个是输出 10−i 个空格，一个是输出 2i−1 个 *。解决该问题的算法如表 3-5 所示。

表 3-5　求解第 5 道算法设计题的算法

步骤	处　　理
	i 的取值范围是 1～6，进行如下操作： 　　① j 的取值范围是 1～10−i，进行如下操作： 　　　　输出一个空格； 　　② j 的取值范围是 1～2i−1，进行如下操作： 　　　　输出一个 *

6. **问题求解思路**：该表达式的递推公式为：

$$1+(-1)^1\frac{1}{3}+(-1)^0\frac{1}{5}+(-1)^1\frac{1}{7}+\cdots+(-1)^{i \bmod 2}\frac{1}{2i-1}$$

利用上面的递推公式，可设计迭代算法，本问题共需累加 50 项。解决该问题的算法如表 3-6 所示。

表 3-6　求解第 6 道算法设计题的算法

步骤	处　　理
1	sum 用于存储累加的和
2	sum=0; i 的取值范围是 1～50，进行如下操作： 　　$(-1)^{i \bmod 2}\frac{1}{2i-1}$ 累加到 sum 中
3	输出表达式的值 sum

7. **问题求解思路**：因为

$$f(x)=x^2-2$$
$$f'(x)=2x$$

可得牛顿迭代公式：

$$x_{n+1}=x_n-(x_n^2-2)/2x_n=(x_n^2+2)/2x_n$$

将 x 的初值设为 1.4，即 $x_0=1.4$，迭代计算 $x_1, x_2, \cdots, x_{n+1}$，得到的 x_{n+1} 一次比一次更接近方程的根，直到两次求得的根的差满足精度 10^{-6} 要求，即

$$|x_{n+1}-x_n|<10^{-6}$$

解决该问题的算法如表 3-7 所示。

表 3-7　求解第 7 道算法设计题的算法

步骤	处　　理
1	$x_n=1.4$； $x_{n+1}=x_n-(x_n^2-2)/2x_n=(x_n^2+2)/2x_n$
2	当 $\|x_{n+1}-x_n\| \geqslant 10^{-6}$，重复进行如下操作： 　　$x_n=x_{n+1}$； 　　$x_{n+1}=x_n-(x_n^2-2)/2x_n=(x_n^2+2)/2x_n$
3	输出 2 的平方根的近似解 x_{n+1}

8. **问题求解思路**：先把 n 元换算为分，假设 $m_5=n\times100$。用 m_5 除以 5，假设商为 k_5，表明，5 分硬币的取法有取 0 个、取 1 个、取 2 个……取 k_5 个共 k_5+1 种取法。当 5 分硬币采用第 $i(0\leqslant i\leqslant k_5)$ 种取法时，还剩下 $m_2=m_5-5\times i$ 分钱，m_2 除以 2，假设商为 k_2，表明 2 分硬币的取法有取 0 个、取 1 个、取 2 个……取 k_2 个共 k_2+1 种取法。在 5 分硬币和 2 分硬币的取法固定时，1 分硬币的取法只有一种，不必再考虑 1 分硬币的情况了。问题的解是每一种 5 分硬币取法对应的 2 分硬币取法数量的和。解决该问题的算法如表 3-8 所示。

表 3-8　求解第 8 道算法设计题的算法

步骤	处　　理
1	用 n 存储人民币的元数； $m_5=n\times100$； 用 count 存储结果，初始值为 0； k_5 为 m_5 除以 5 的商
2	i 的取值范围是 $0\sim k_5$，进行如下操作： 　　$m_2=m_5-5\times i$； 　　k_2 为 m_2 除以 2 的商； 　　将 k_2+1 累加到 count 中
3	输出问题的结果 count

二、提高 C++ 语言程序设计能力练习

1. 填空题

(1) 选择　(2)if　(3)迭代算法　(4)循环语句　(5)循环语句

(6) 2^{10}　(7)死循环　(8)迭代嵌套　(9)整型　(10)顺序执行

(11) 3　(12)100　(13)5　(14)1、0　(15)0

(16) bcxa　(17)3　(18)无数次　(19)死循环　(20)5

2. 判断题

(1) ×　(2)×　(3)×　(4)√　(5)√

(6) √　(7)×　(8)√　(9)×　(10)√

3. 选择题

(1) D　(2)D　(3)B　(4)C　(5)A

(6) B　(7)A　(8)B　(9)C　(10)A

(11) C　(12)B　(13)D　(14)C　(15)B

第4章 结构化数据

导 学

【实习目标】

- 面向要解决的实际问题，能够选择合适的数据结构存储待处理数据或处理结果数据。
- 能够设计出与程序设计语言无关的算法对多记录数据和多属性数据进行分析和处理。
- 能够使用C++语言实现多记录数据和多属性数据的存储和分析。

4.1 课程实习

1. 编写程序：求Fibonacci数列的前N项。Fibonacci数列中某个元素的值等于其前两个元素的值之和，第1个元素和第2个元素的值都为1，即a[0]=1，a[1]=1，a[2]=2，a[3]=3，a[4]=5，a[5]=8……

(1) 设计求解该问题的算法。

步骤	处　理

（2）用 C++ 语言写出实现该算法的程序核心代码。

（3）上机调试并测试你的程序。

2. 已知有按元素值从小到大顺序排列的一维数据{23，35，110，145，207}。后面不断插入新的数据元素。例如，插入的第 1 个数为 52，则插入后的一维数据为{23，35，52，110，145，207}；插入的第 2 个数为 10，则插入后的一维数据为{10，23，35，52，110，145，207}；插入的第 3 个数为 321，则插入后的一维数据为{10，23，35，52，110，145，207，321}……

（1）设计求解该问题的算法。

步骤	处　　理

(2) 用C++语言写出实现该算法的程序核心代码。

(3) 上机调试并测试你的程序。

3. 判断一个字符串是否为“回文”。所谓“回文”是指顺读和倒读都一样的字符串，例如level、deed、madam、12321等都是回文。

(1) 设计求解该问题的算法。

步骤	处　理

（2）用C++语言写出实现该算法的程序核心代码。

（3）上机调试并测试你的程序。

4. 已知某班有N名学生，每名学生有学号、姓名和3门课程成绩这些属性，统计有不及格课程的学生的人数并输出这些学生的信息。

（1）设计求解该问题的算法。

步骤	处　　理

(2) 用C++语言写出实现该算法的程序核心代码。

(3) 上机调试并测试你的程序。

4.2 课后习题

一、算法设计

1. N个人围成一圈,人员编号为1～N,从1开始报数,报到M的倍数的人离开,直到最后所有人都离开,求人员的离开顺序。

2. 某班共有N名学生,期末考试考核C门课程,求每名学生在所有课程上的平均成绩和所有学生在每门课程上的平均成绩。

3. 设有N个无序的数据元素,使用冒泡排序算法对这N个数据元素进行排序使其按升序排列。

下面是冒泡排序法的基本思路。

第1轮:从前到后依次比较两个相邻的数据元素,如果其相对顺序不对(即前一个数据元素的值大于后一个数据元素的值),则将这两个相邻的数据元素交换,使其相对顺序正确。经过第1轮的比较和交换,便把最大的数据元素排到了第N个位置。

第2轮:在前N−1个数据元素中,按照第1轮所描述的冒泡排序规则,将第2大的数据元素排到第N−1个位置。

⋮

第i轮:在前N−i+1个数据元素中,按照第1轮所描述的冒泡排序规则,将第i大的数据元素排到第N−i+1个位置。

⋮

第N－1轮：在前N－(N－1)＋1(即2)个数据元素中，按照第1轮所描述的冒泡排序规则，将第N－1大的数据元素排到第2个位置。

至多经过上述的N－1轮冒泡排序，可将N个无序数据元素排好序。如果在第x轮冒泡排序中，没有出现数据元素的交换操作，则说明前N－x＋1个数据元素中任意两个相邻元素均是有序的(即这些元素已按规定顺序排列)，而后x－1个元素已在前x－1轮冒泡排序中移到了正确的位置，因此这N个数据元素均已排好序，可提前结束冒泡排序。

4. 对于一个字符串A，从第M个字符开始，连续取L个字符，形成一个新的字符串B。

5. 对两个字符串A和B进行比较，如果两个字符串不相同，则将两个字符串连接，形成一个新字符串C。

6. 一个字符串A中存储了多个字符串，各字符串之间以一个或多个空格隔开，统计该字符串中的单词个数及最长单词的长度。

7. 设有N个人，每人具有编号、姓名、身高、体重等属性，求身高最高的前M个人。

二、提高C++语言程序设计能力练习

1. 填空题

(1) 下面程序首先要求输入12个整数并保存在整数数组a中，然后将数组a中能够被5整除的数据元素输出。请将程序补充完整。

```
#include <iostream>
using namespace std;
int main()
{
    ________;
    int i;
    for (i=0; i<12; i++)
        cin>>________;
    for (i=0; i<12; i++)
    {
        if (________)
            cout<<________<<"  ";
    }
    cout<<endl;
    return 0;
}
```

(2) 下面程序的作用是将数组a中行下标、列下标之和为3的数组元素输出到屏幕上。请将程序补充完整。

```
#include <iostream>
using namespace std;
int main()
{
```

```
    int a[5][3]={{1,2,3}, {4,5,6} , {7,8,9}, {10,11,12}, {13,14,15}};
    int x,y;
    for (x=0; x<5; x++)
    {
        y=________;
        if (________)cout<<ss[x][y]<<endl;
    }
    return 0;
}
```

(3) 下面程序在屏幕上输出“This is a book”。请将程序补充完整。

```
#include <iostream>
using namespace std;
int main()
{
    char c[]="This|is|a|book";
    int i;
    for (i=0;i<14;i++)
    {
        if (________)
            cout<<' ';
        else
            cout<<________;
    }
    return 0;
}
```

(4) 下面程序的功能是输出数组 a 中最大元素的值。请将程序补充完整。

```
#include <iostream>
using namespace std;
int main( )
{
    int a[]={31,56,78,21,-3,-25};
    int m=0,i=1;
    while(i<6)
    {
        if (________)
            ________;
        ________;
    }
    cout<<a[m];
    return 0;
}
```

(5) 下面程序的功能是找出最长的字符串,将其内容和长度输出。请将程序补充完整。

```
#include <iostream>
using namespace std;
int main()
{
    char str[][20]={"Beijing","Tianjin","Shanghai"};
    int i, len;
    int maxlen=0, pos;
    for (i =0; i <3; i++)
    {
        ________;
        while (________)            //计算当前字符串长度
            len++;
        if (________)               //更新最长字符串信息
        {
            maxlen =len;
            pos =i;
        }
    }
    cout<<"最长的字符串为:"<<str[pos] <<",其长度为:"<<maxlen<<endl;
    return 0;
}
```

(6) 编写程序,记录某学生的学号、姓名和3门课程成绩,输出该学生的姓名、学号、总成绩及平均成绩。请将程序填写完整。

```
#include <iostream>
using namespace std;
struct Student
{
    char num[8];
    char name[20];
    float score[3];
} stu={"1210101", "Zhangsan", {97, 75, 80}};
int main()
{
    float s;
    s=________;
    cout<<"学号:"<<________<<endl
        <<"姓名:"<<________<<endl
        <<"总成绩:"<<s<<endl
        <<"平均成绩:"<<s/3<<endl;
    return 0;
}
```

(7) 编写程序,记录3名学生的学号、姓名和出生日期。请将程序填写完整。

```
#include <iostream>
```

```
using namespace std;
struct Date
{
    int year,month,day;
};
struct Student
{
    char num[8], name[10];
    Date birthday;
};
int main()
{
    ________;
    int i;
    for (i=0;i<3;i++)           //输入学生信息
    {
        cin>>stu[i].num;        //输入学号
        cin>>stu[i].name;       //输入姓名
        cin>>________;          //输入出生日期
    }
    return 0;
}
```

(8) 下面程序输出结果为“Red”。请将程序填写完整。

```
#include <iostream>
using namespace std;
________{Red, Green=3, Blue=5};
int main()
{
    Color co=________;
    switch(co)
    {
    case ________: cout<<"Red"<<endl;break;
    case 3: cout<<"Green"<<endl;break;
    case 5: cout<<"Blue"<<endl;break;
    }
    return 0;
}
```

(9) 下面程序的输出结果是________。

```
#include <iostream>
using namespace std;
int main()
{
    char a[2][10]={"aBCDe","aBcDE"};
```

```
    int i;
    for (i=0; i<5; i++)
    {
        if(a[0][i]!=a[1][i])
            break;
    }
    if (i==5)
        cout<<"两个字符串相同"<<endl;
    else if (a[0][i]>a[1][i])
        cout<<"较大的字符串为:"<<a[0]<<endl;
    else
        cout<<"较大的字符串为:"<<a[1]<<endl;
    return 0;
}
```

(10) 下面程序的输出结果是________。

```
#include <iostream>
using namespace std;
int main()
{
    int a[5]={15, 9, 5, 3, 1}, i=0, s1=0, s2=0;
    while (i<5)
    {
        if (a[i]%3)
            s1+=a[i];
        if (a[i]%5==0)
            s2+=a[i];
        i++;
    }
    cout<<s1<<','<<s2<<endl;
    return 0;
}
```

(11) 下面程序的输出结果是________。

```
#include <iostream>
using namespace std;
int main()
{
    int a[6]={2, 3, 0, 0, 0, 0}, i;
    for(i=2;i<6;i++)
        a[i]=4*a[i-2]-a[i-1];
    cout<<a[5]<<endl;
    return 0;
}
```

(12) 下面程序的输出结果是________。

```
#include <iostream>
using namespace std;
int main()
{
    char s1[] ="nankai";
    char s2[20];
    int i=0;
    while (s1[i])
    {
        s2[5-i] =s1[i];
        i++;
    }
    s2[i] ='\0';
    cout<<s2<<endl;
    return 0;
}
```

(13) 下面程序的输出结果是________。

```
#include <iostream>
using namespace std;
int main()
{
    char str[3][20]={"C++", "C++6.0", "C++2005"};
    int i, m=0, n;
    for (i =1; i <3; i++)
    {
        n =0;
        while (str[m][n]==str[i][n] && str[m][n]!='\0')
            n++;
        if (str[m][n] <str[i][n])
            m =i;
    }
    cout<<str[m]<<endl;
    return 0;
}
```

(14) 下面程序的输出结果是________。

```
#include <iostream>
using namespace std;
struct Student
{
    char num[8];
    char name[10];
    int score;
};
```

```
int main()
{
    Student stu[3] ={{"1210101", "Zhangsan", 632},
        {"1210102", "Lisi", 626}, {"1210103", "Wangwu", 630}};
    int t=0;
    for(int i=0; i<3; i++)
        if (stu[i].score>t)
        t=stu[i].score;
    cout<<"t="<<t<<endl;
    return 0;
}
```

(15) 下面程序的输出结果是________。

```
#include <iostream>
using namespace std;
enum Color{Red, White=3, Blue};
int main()
{
    Color co1, co2, co3;
    co1=Red;
    co2 =White;
    co3 =Blue;
    cout<<co1<<','<<co2<<','<<co3<<endl;
    return 0;
}
```

2. 判断题

(1) 一个数组中的所有元素必须具有相同的数据类型。　(　　)

(2) 字符型数组就是一个字符串。　(　　)

(3) 在定义数组的同时可以使用初始化列表对数组中的多个元素赋初值。　(　　)

(4) 如果在定义一维数组时给出了初始化列表,则用于指定数组长度的常量表达式可以省略。　(　　)

(5) 已知"char a[]="abc";",则数组 a 的长度为 3。　(　　)

(6) 在定义数组时可以使用整型变量指定数组长度,但要求整型变量的值为大于 0 的整数。　(　　)

(7) 已知"int a[][3]={{1,2,3},{4,5,6}};",则二维数组 a 的行数为 2。　(　　)

(8) 已知"int a[2][]={{1,2,3},{4,5,6}};",则二维数组 a 的列数为 3。　(　　)

(9) 在访问数组中某个元素时,可以使用整型变量指定要访问元素的下标。　(　　)

(10) 已知"char c[]="abc";",则可以使用"c="def";"更改 c 的值。　(　　)

(11) 已知"int a[3];",则可以使用"a[3]=10;"将数组 a 中的第 3 个元素赋值为 10。　(　　)

(12) 已知"char s[10]="hello";",则 s[5]的值为'\0'。　(　　)

(13) 已知“char s[]="hello";”,则使用“cout<<s;”可以在屏幕上输出“hello”。 ( )

(14) 已知“int a[]={1,2,3};”,则使用“cout<<a;”将在屏幕上输出“1 2 3”。 ( )

(15) 已知“char s[][10]={"Microsoft","Visual","C++"};”,则使用“cout<<s[1];”会在屏幕上输出“Microsoft”。 ( )

(16) 定义结构体类型时,结构体中的所有成员必须具有相同的数据类型。 ( )

(17) 定义枚举类型时,如果没有给枚举常量指定值,则其默认值为0。 ( )

3. 选择题

(1) 在访问数组中的某个元素时,不可以用( )指定待访问元素的下标。

A. 整型常量　　B. 整型变量

C. 整型表达式　　D. 浮点型常量

(2) 下面关于数组的描述中,错误的是( )。

A. 数组的长度必须在定义数组时指定,且数组中所有元素的数据类型必须相同

B. 如果定义一维数组时提供了初始化列表,则数组的长度可以省略

C. 如果定义二维数组时提供了初始化列表,则数组的列下标可以省略

D. 如果定义二维数组时提供了初始化列表,则数组的行下标可以省略

(3) 已知“int a[]={1,2,3,4,5};”,则下面叙述中正确的是( )。

A. 数组a的长度为5

B. 元素a[1]的值为1

C. 使用“cin>>a;”可以将从键盘输入的整数保存在数组a中

D. 使用“int b[5]=a;”可以定义数组b,并用a中各元素的值初始化b中的各元素

(4) 已知“char s[]="hello";”,则下面叙述中正确的是( )。

A. 数组s的长度为5

B. 元素s[2]的值为'e'

C. 使用“cin>>s;”可以将从键盘输入的字符串保存在数组s中

D. 使用“char t[]=s;”可以定义数组t,并用s中各元素的值初始化t中的各元素

(5) 下面各选项中的数组定义方式,错误的是( )。

A. int a[7];　　B. const int N=7; float b[N];

C. char c[]="abcdef";　　D. int N=7; double d[N];

(6) 数组定义为“int a[2][3]={1,2,3,4,5,6};”,可以使用( )访问值为3的数组元素。

A. a[2]　　B. a[0][2]　　C. a[3]　　D. a[1][3]

(7) 已知“char s[]="abc";”,则数组s中最后一个元素的值为( )。

A. 'c'　　B. '0'　　C. '\0'　　D. '\n'

(8) 已知“char s[]="南开大学";”,则数组s的长度为( )。

A. 4　　B. 5　　C. 8　　D. 9

(9) 下面定义的一维字符型数组中,存储的数据不是字符串的为( )。

A. char s[]="abc";　　B. char s[]={'a', 'b', 'c', '\0'};

C. char s[]={'a', 'b', 'c'};　　　　D. char s[20]="abc";

(10) 已知“char s[]="university";”,则使用“cout<<s[3];”会在屏幕上输出(　　)。

A. n　　B. i　　C. v　　D. iversity

(11) 已知“char s[][10]={"Microsoft","Visual","C++"};”,则语句“cout<<s[2];”会在屏幕上输出(　　)。

A. i　　B. c　　C. Visual　　D. C++

(12) 已知“char s[][10]={"Microsoft","Visual","C++"};”,则语句“cout<<s[1][2];”会在屏幕上输出(　　)。

A. s　　B. i　　C. c　　D. icrosoft

(13) 下面程序的输出结果为87,则横线处应填入(　　)。

```
#include <iostream>
using namespace std;
struct Student
{
    char num[8];
    char name[10];
    int score[3];
} stu[]={{"1210101","Zhangsan",{87,97,67}},{"1210102","Lisi",{92,86,79}}};
int main()
{
    cout<<________;
    return 0;
}
```

A. stu[1].score[1]　　　　B. stu[0].score[0]

C. stu[1].score[0]　　　　D. stu[0].score[1]

(14) 已知“enum Color{Red, Green, Blue}; Color co;”,则下列语句正确的是(　　)。

A. co=0;　　　　B. co=Blue;

C. co=Green+1;　　　　D. co++;

4.3　课后习题参考答案

一、算法设计

1. **问题求解思路**:N个人中每个人由其编号唯一确定,因此待处理的原始数据是一维数据;处理结果中需保存人员的离开顺序,对于N个人需按离开顺序保存N个编号,因此处理结果也是一维数据。解决该问题需要3步,其中第2步是第3章中所讲的迭代与选择的嵌套过程,第3步是通过迭代过程输出结果。解决该问题的算法如表4-1所示。

表 4-1　求解第 1 道算法设计题的算法

步骤	处　理
1	将用于保存当前报数的 count 置为 0，将用于保存当前报数人编号的 n 置为 1，将用于保存当前已离开人数的 r 置为 0；令编号为 i 的人的状态为 $status_i$（0 表示未离开，1 表示已离开，初始置 0，i 的取值范围是 1～N），人员编号按离开顺序保存在 $order_j$ 中（j 的取值范围是 1～N）
2	对于编号为 n 的人，进行如下操作直至 r 等于 n： 如果 $status_n$ 等于 0， count 增 1； 如果 count 能够被 M 整除， $status_n$ 置为 1，r 增 1，并将 n 保存在 $order_r$ 中； n=(n+1)mod(N+1)+1
3	将 j 的范围设置为 1～N，进行如下操作： 输出 $order_j$

2. **问题求解思路**：N×C 个成绩中每个成绩由学生和课程共同确定，因此待处理的原始数据是二维数据；处理结果为每名学生在所有课程上的平均成绩（N 个）和所有学生在每门课程上的平均成绩（C 个），因此处理结果是两个分别包含 N 个元素和 C 个元素的一维数据。解决该问题需要 3 步，其中第 2 步是第 3 章中所讲的迭代嵌套过程，用于求解每名学生在所有课程上的总成绩和所有学生在每门课程上的总成绩；第 3 步是通过迭代过程求平均成绩并输出结果。解决该问题的算法如表 4-2 所示。

表 4-2　求解第 2 道算法设计题的算法

步骤	处　理
1	每名学生在所有课程上的平均成绩保存在 $stuavg_i$ 中，i 的取值范围是 1～N；所有学生在每门课程上的平均成绩保存在 $courseavg_j$ 中，j 的取值范围是 1～C。初始均置为 0
2	令第 i 名学生在第 j 门课程上的成绩为 $score_{ij}$，i 的取值范围是 1～N，进行如下操作： j 的取值范围是 1～C，进行如下操作： $stuavg_i = stuavg_i + score_{ij}$； $courseavg_j = courseavg_j + score_{ij}$
3	将 i 的范围设置为 1～N，进行如下操作： $stuavg_i = stuavg_i / C$； 输出 $stuavg_i$ 将 j 的范围设置为 1～C，进行如下操作： $courseavg_j = courseavg_j / N$； 输出 $courseavg_j$

3. **问题求解思路**：解决该问题需要 3 步，其中第 2 步是第 3 章中所讲的迭代和选择的嵌套过程，通过相邻元素间的比较和交换进行冒泡排序；第 3 步是通过迭代过程输出排序结果。解决该问题的算法如表 4-3 所示。

表 4-3　求解第 3 道算法设计题的算法

步骤	处　　理
1	令第 m 个元素为 e_m，m 的取值范围是 1～N；swap 用于保存一轮冒泡排序中是否出现数据元素交换操作（false 表示未出现交换操作，true 表示出现了交换操作）
2	将 i 的取值范围设置为 1～N－1，进行如下操作： swap＝false； 将 j 的取值范围设置为 1～N－i，进行如下操作： 如果 $e_j > e_{j+1}$， 交换 e_j 和 e_{j+1} 并置 swap＝true 如果 swap 等于 false， 结束迭代
3	将 i 的范围设置为 1～N，进行如下操作： 输出 e_i

4．**问题求解思路**：解决该问题需要 3 步，其中第 2 步是第 3 章中所讲的迭代过程。解决该问题的算法如表 4-4 所示。

表 4-4　求解第 4 道算法设计题的算法

步骤	处　　理
1	令字符串 A 的第 m 个字符为 A_m；字符串 B 中的第 n 个字符为 B_n，n 的取值范围是 1～L
2	将 i 的取值范围设置为 1～L，进行如下操作： $B_i = A_{i+M-1}$
3	输出结果

5．**问题求解思路**：解决该问题需要 3 步，其中第 2 步是第 3 章中所讲的迭代与选择的嵌套过程，用于比较两个字符串是否相等；第 3 步是通过选择与迭代的嵌套过程将两个字符串连接形成一个新字符串。解决该问题的算法如表 4-5 所示。

表 4-5　求解第 5 道算法设计题的算法

步骤	处　　理
1	令字符串 A 长度为 M，第 m 个字符为 A_m，m 的取值范围是 1～M；字符串 B 长度为 N，第 n 个字符为 B_n，n 的取值范围是 1～N；字符串 C 长度为 M＋N，第 r 个字符为 C_r，r 的取值范围是 1～M＋N。isequal 用于保存两个字符串是否相同（false 表示不相同，true 表示相同），初始置为 true
2	如果 M 与 N 不相等， isequal＝false； 否则， 将 i 的取值范围设置为 1～M，进行如下操作： 如果 A_i 与 B_i 不相等， 置 isequal＝false 并结束迭代
3	如果 isequal 等于 false， 将 i 的取值范围设置为 1～M，进行如下操作： $C_i = A_i$； 将 i 的取值范围设置为 1～N，进行如下操作： $C_{M+i} = B_i$

6. **问题求解思路**：解决该问题需要3步，其中第2步是第3章中所讲的迭代与选择的嵌套过程，用于求单词个数和最长单词的长度。解决该问题的算法如表4-6所示。

表4-6　求解第6道算法设计题的算法

步骤	处　理
1	令字符串A长度为N，第n个字符为A_n，n的取值范围是1～N。wordnum用于保存单词个数，初始置为0；maxlen用于保存最长单词的长度，初始置为0；len用于保存当前单词的长度，初始置0
2	将i的取值范围设置为1～N+1，进行如下操作： 如果i不等于N+1且A_i不等于空格， len=len+1； 否则，如果len不等于0， 如果len>maxlen， maxlen=len； wordnum=wordnum+1并置len=0
3	输出wordnum和maxlen

7. **问题求解思路**：每个人有多个属性，涉及多属性数据的存储。对于该问题，可以利用某种排序算法将数据按身高升序排列后取后M个人即可。这里修改主教材例4-17中的选择排序算法，使得经过一轮选择排序将当前的最大元素选出来，这样经过M轮选择排序即可得到该问题的解。解决该问题需要3步，其中第2步是第3章中所讲的迭代与选择的嵌套过程，用于将身高最高的前M个人依次移到后面；第3步通过迭代输出身高最高的前M个人的信息。解决该问题的算法如表4-7所示。

表4-7　求解第7道算法设计题的算法

步骤	处　理
1	令第n个人的身高为h_n，n的取值范围是1～N
2	将i的取值范围设置为N～N−M+1，进行如下操作： m=i； 将j的取值范围设置为i−1～1，进行如下操作： 如果$h_j>h_m$， m=j； 如果m不等于i， 交换第m个元素和第i个元素
3	将i的范围设置为N～N−M+1，进行如下操作： 输出第i个人的信息

二、提高 C++ 语言程序设计能力练习

1. 填空题

(1) `int a[12]`
`a[i]`
`a[i]%5==0`
`a[i]`

(2) `3-x`
`y>=0&&y<3`

(3) `c[i]=='|'`
`c[i]`

(4) `a[m]<a[i]`
`m=i`
`i++`

(5) `len=0`
`str[i][len]!='\0'`
`maxlen<len`

(6) `stu.score[0]+stu.score[1]+stu.score[2]`
`stu.num`
`stu.name`

(7) `Student stu[3]`
`stu[i].birthday.year>>stu[i].birthday.month>>stu[i].birthday.day`

(8) `enum Color`
`Red`
0 或 `Red`

(9) 较大的字符串为：aBcDE

(10) 6,20

(11) 15

(12) iaknan

(13) C++ 6.0

(14) t=632

(15) 0,3,4

2. 判断题

(1) √	(2)×	(3)√	(4)√	(5)×
(6) ×	(7)√	(8)×	(9)√	(10)×
(11) ×	(12)√	(13)√	(14)×	(15)×

(16) ×　　(17)×

3. 选择题

(1) D　　(2)C　　(3)A　　(4)C　　(5)D
(6) B　　(7)C　　(8)D　　(9)C　　(10)C
(11) D　　(12)A　　(13)B　　(14)B

模 块 化

导 学

【实习目标】

- 能够按照模块化的思想对问题进行分解，简化问题求解过程。
- 能够针对模块化分解后的问题设计出与程序设计语言无关的求解算法。
- 能够使用C++语言编写模块化程序解决实际问题。

5.1 课 程 实 习

1. 编写程序：计算 $1/1^m+1/2^m+\cdots+1/n^m$，其中 m 为大于 0 的整数。

(1) 对问题进行分解。

（2）设计求解该问题的算法。

步骤	处　　理

（3）用 C++ 语言写出实现该算法的程序核心代码。

（4）上机调试并测试你的程序。

2. 编写程序验证组合公式：$C(2n, n)=C(n, 0)^2+C(n, 1)^2+C(n, 2)^2+\cdots+C(n, n)^2$。

（1）将问题进行分解。

（2）设计求解该问题的算法。

步骤	处　　理

(3) 用 C++ 语言写出实现该算法程序的核心代码。

(4) 上机调试并测试你的程序。

3. 已知数列 $a_i=2a_{i-1}+3a_{i-2}$,且 $a_1=a_2=1$,求第 n 项的值(要求:设计递归算法求解)。

(1) 将问题进行分解。

(2) 设计求解该问题的算法。

步骤	处　　理

(3) 用 C++ 语言写出实现该算法程序的核心代码。

(4) 上机调试并测试你的程序。

4. 如果一头母牛从出生起第 4 个年头(即出生后 3 年)开始每年生一头母牛,按此规律,第 1 年只有 1 头刚出生的母牛(即该母牛第 4 年开始每年生一头母牛),到第 n 年时有多少新出生的母牛?(要求:设计递归算法求解)

(1) 将问题进行分解。

(2) 设计求解该问题的算法。

步骤	处　理

(3) 用 C++ 语言写出实现该算法程序的核心代码。

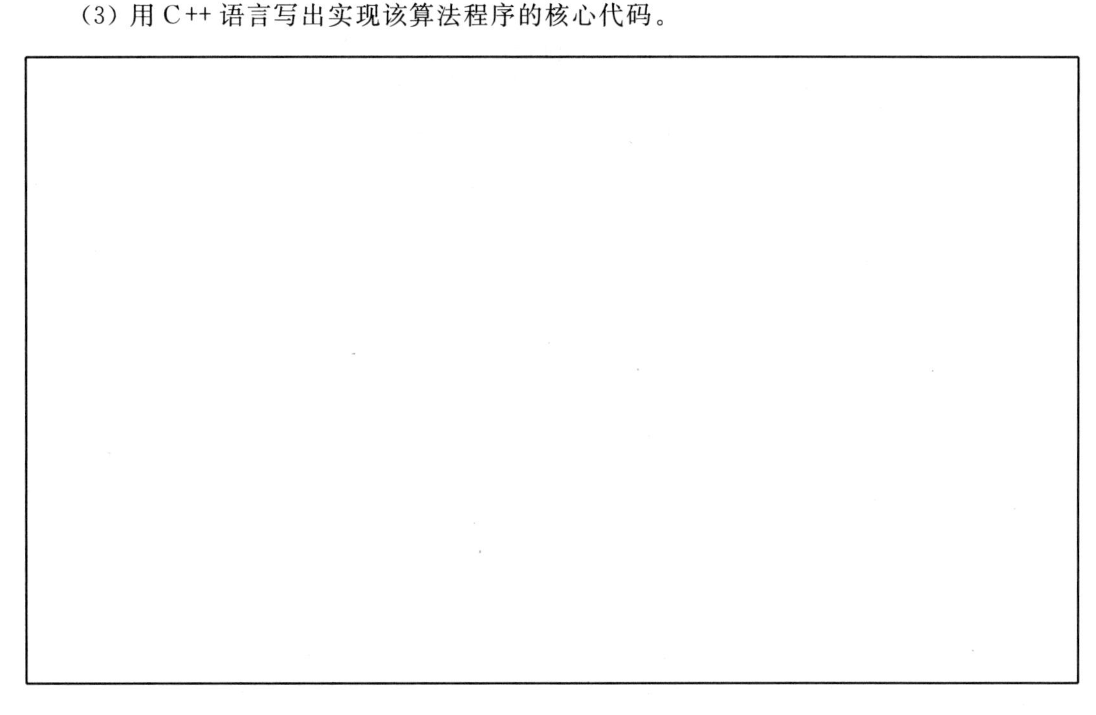

(4) 上机调试并测试你的程序。

5.2 课后习题

一、算法设计

1. N 名学生排成两行，M 名女生排在第一行、N－M 名男生排在第二行，问共有多少种排法？

2. 求满足如下条件的 m：m、m^2 和 m^3 均为回文数且 $10<m<1000$。注：一个数是回文数，则该数的值与其倒序数的值相同，例如 121、12321 等都是回文数。

3. 广义水仙花数问题：一个 3 位数 abc 如果满足 $abc=a^3+b^3+c^3$，则这个数称为水仙花数。如果一个 N 位数所有数码的 N 次方的和加起来等于这个 N 位数本身，则这个数称为广义水仙花数。显然，水仙花数就是 N＝3 的广义水仙花数。求所有满足 N＝m 的广义水仙花数。

4. 猴子吃桃问题：一只猴子摘下若干个桃子，第 1 天吃了一半，还不够，又多吃了一个；第 2 天将剩下的桃子吃了一半，又多吃了一个。以后每天都这样吃，到第 10 天就只剩下一个桃子了。问该猴子共摘下多少个桃子？

5. 八皇后问题：该问题由 19 世纪著名的数学家高斯 1850 年提出。在一个 8×8 格的国际象棋棋盘上放置 8 个皇后，使其不能互相攻击，即任意两个皇后都不能处于同一行、同一列或同一斜线上，如图 5-1 所示是八皇后问题的一种摆法，阴影格是放置皇后的格子。问共有多少种摆法？

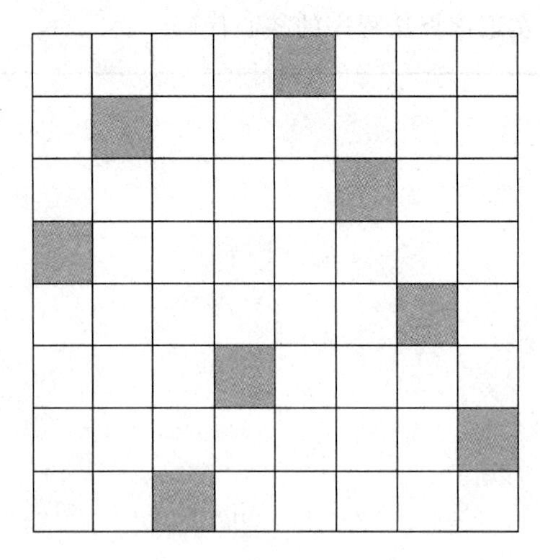

图 5-1　八皇后问题示例

6. 汉诺塔问题：有 3 根相邻的柱子，标号为 A、B、C，A 柱子上从下到上按金字塔状叠放着 n 个不同大小的圆盘，目标是把所有盘子都移动到柱子 B 上，图 5-2 为 n=3 的情况。每次只能移动一个盘子，并且盘子移动过程中同一根柱子上都不能出现“大盘子在小盘子上方”的情况，移动过程中允许将盘子放在柱子 C 上，问至少需要移动多少次？

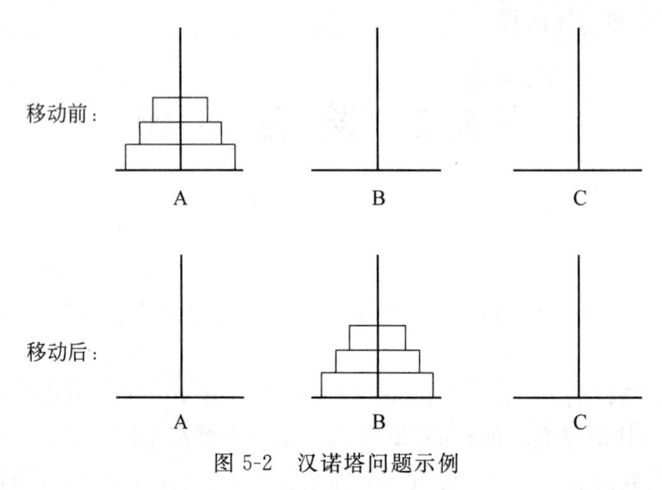

图 5-2　汉诺塔问题示例

二、提高 C++ 语言程序设计能力练习

1. 填空题

(1) 下面是求一个数的绝对值的函数定义，函数名为 abs，请将函数定义补充完整。

```
________________
{
    int a;
    a =x>0?x:-x;
```

```
    return a;
}
```

(2) 下面的程序会在屏幕上输出 5,请将下面的程序补充完整。

```
#include <iostream>
using namespace std;
________________
int main()
{
    int a=10, b=5;
    cout<<fun(a,b)<<endl;
    return 0;
}
________________
{
    return x<y?x:y;
}
```

(3) 下面程序的功能是计算 $s=1-1/2!+1/3!+\cdots+(-1)^{n+1}/n!$,请将下面的程序补充完整。

```
#include <iostream>
using namespace std;
double fac(int n)
{
    int i, r=1, f=1;
    for (i=1; i<=n; i++)
        ________;
    if (________)
        f =-1;
    return (double)f/r;
}
int main()
{
    int n, i;
    double facSum =0.0;
    cout<<"请输入 n 的值:";
    cin>>n;
    for(i=1; i<=n; i++)
        ________;
    cout<<facSum<<endl;
    return 0;
}
```

(4) 下面的程序求斐波那契数列前 5 项的和,请将程序补充完整(斐波那契数列前两项的值为 1,从第 3 项开始,每一项的值是前两项的和)。

```
#include <iostream>
using namespace std;
int Fib(int n)
{
    int pre2, pre1=1, cur=1, i=2;
    if (_______)
        return 1;
    do
    {
        i++;
        pre2=pre1;
        pre1=cur;
        _______;
    } while (i!=n);
    return cur;
}
int main()
{
    int i=0, sum=0;
    for (i=1; i<=5; i++)
        sum +=_______;
    cout<<sum<<endl;
    return 0;
}
```

(5) 下面程序输出 3～100 的所有素数,请将下面的程序补充完整。

```
#include <iostream>
using namespace std;
int k=0;
bool IsPrime(int n)
{
    int i;
    for(i=2; i<n; i++)
        if(n%i==0)
            _______;
    if(i==n)
        return true;
    return false;
}
int main()
{
    int n;
    cout<<"3~100 之间的素数包括:"<<endl;
    for(n=3;n<100;n+=2)
        if (_______)
```

```
            cout<<n<<' ';
    return 0;
}
```

(6) 下面程序中,函数 fun()的功能是计算两个数的最大值,主函数中调用 findmax()函数计算 sin(x)和 cos(x)中的较大值。请将下面的程序补充完整。

```
#include <iostream>
#include <cmath>
using namespace std;
________________
{
    double r =a>b?a:b;
    return r;
}
int main()
{
    double x;
    cout<<"请输入 x 的值:";
    cin>>x;
    cout<<"sin(x)和 cos(x)中的较大值为:"<<________________<<endl;
    return 0;
}
```

(7) 下面程序的运行结果如图 5-3 所示,请将下面的程序补充完整。

```
#include <iostream>
using namespace std;
void output(int n)
{
    int i;
    for (i=0; i<3-n; i++)
        cout<<' ';
    for (i=0; ________; i++)
        cout<<"#";
    cout<<endl;
}
int main()
{
    int i;
    for (i=1; i<=3; i++)
        ________;
    for (i=2; i>0; i--)
        ________;
    return 0;
}
```

```
  #
 ###
#####
 ###
  #
```

图 5-3 第(7)题程序运行结果

(8) 下面程序的输出结果是________。

```
#include <iostream>
using namespace std;
double fun(double x,int n)
{
    int i;
    double r =1.0;
    for(i=1; i<=n; i++)
        r *=x;
    return r;
}
int main()
{
    cout<<fun(2.0, 3)<<endl;
    return 0;
}
```

(9) 下面程序的输出结果是________。

```
#include <iostream>
using namespace std;
int fun(int a,int b)
{
    static int n=2;
    int m=0;
    n+=m+a;
    m+=n+b;
    return m;
}
int main()
{
    int x=4, y=1, r1, r2;
    r1=fun(x, y);
    r2=fun(x, y);
    cout<<r1<<','<<r2<<endl;
    return 0;
}
```

(10) 下面程序的运行结果是________。

```
#include <iostream>
using namespace std;
int fun(int x, int y)
{
    if (y >1)
        return x * fun(x, y-1);
```

```
    return x;
}
int main()
{
    cout<<fun(2, 5)<<endl;
    return 0;
}
```

(11) 下面程序的运行结果是________。

```
#include <iostream>
using namespace std;
int fun(int n)
{
    if (n >1)
        return n * fun(n-1);
    return 1;
}
int sum(int n)
{
    int i, s=0;
    for (i=1; i<=n; i++)
        s+=fun(i);
    return s;
}
int main( )
{
    cout<<sum(3)<<endl;
    return 0;
}
```

(12) 下面程序的运行结果是________。

```
#include <iostream>
#include <iomanip>
using namespace std;
const int size =5;
int g_array[size][size];
void fun(int n)
{
    int i;
    if (n<1)
        return;
    g_array[n-1][0] =g_array[n-1][n-1] =1;
    for (i=1; i<n-1; i++)
        g_array[n-1][i] =g_array[n-2][i-1]+g_array[n-2][i];
}
```

```
int main()
{
    int i, j;
    for (i=1; i<=size; i++)
        fun(i);
    for (i=0; i<size; i++)
    {
        for (j=0; j<=i; j++)
            cout<<g_array[i][j]<<' ';
        cout<<endl;
    }
    return 0;
}
```

(13) 下面程序的运行结果是________。

```
#include <iostream >
#include <iomanip>
using namespace std;
int seq(int n)
{
    if (n ==1)
        return n;
    return 2 * seq(n-1);
}
int main()
{
    int i, sum =0;
    for (i =1; i <5; i++)
        sum +=seq(i);
    cout<<sum<<endl;
    return 0;
}
```

(14) 下面程序的运行结果是________。

```
#include <iostream >
using namespace std;
double sum(double x, double y =3.0)
{
    return x+y;
}
int main()
{
    cout<<sum(5.3, 6.3)<<endl;
    cout<<sum(5.3)<<endl;
    return 0;
}
```

(15) 下面程序的运行结果是________。

```
#include <iostream >
using namespace std;
double sum(double x, double y)
{
    return x+y;
}
int sum(int x, int y)
{
    return x+y;
}
int main()
{
    cout<<sum(5.3, 6.3)<<endl;
    cout<<sum(3, 5)<<endl;
    return 0;
}
```

(16) 下面程序的运行结果为________。

```
#include <iostream>
using namespace std;
#define Y 5+1
#define Z (5+1)
int main()
{
    cout<<3*Y<<endl;
    cout<<3*Z<<endl;
    return 0;
}
```

(17) 下面程序的运行结果为________。

```
#define AREA(x,y) x*(y)
#include <iostream>
using namespace std;
int main()
{
    cout<<AREA(6, 3+2)<<endl
        <<AREA(3+2, 6)<<endl;
    return 0;
}
```

(18) 下面程序的运行结果为________。

```
#include <iostream>
using namespace std;
```

```
#define UPPERTOLOWER 0
int main()
{
    char a[10]="AbCdeFg";
    int i;
    for(i=0;a[i]!=0;i++)
    {
#if UPPERTOLOWER
        if (a[i]>='A' && a[i]<='Z')
            a[i]=a[i]+32;
#endif
        cout<<a[i];
    }
    return 0;
}
```

2. 判断题

(1) 只有带返回值的函数调用才能作为操作数参与其他运算。 (　　)

(2) 调用函数时传入的实参个数可以多于形参个数。 (　　)

(3) 在全局变量定义前加一个 static 关键字,则该变量就成为静态全局变量。 (　　)

(4) 静态全局变量既可以在定义它的源文件中访问,又可以在其他源文件访问。 (　　)

(5) 函数的形参是全局变量,可以在程序的所有函数中访问。 (　　)

(6) 如果在某个函数的函数体中定义了一个静态局部变量,则该静态局部变量的生存期与函数体的执行期相同。 (　　)

(7) 一个源文件中定义的全局变量在其他源文件中使用之前必须有外部声明。 (　　)

(8) 局部变量在定义时若没有初始化,则为随机值。 (　　)

(9) 一个函数可以使用 return 返回多个结果,如语句"return a, b;"同时将 a、b 的值返回到函数调用处。 (　　)

(10) 静态局部变量只可以在定义它的函数(或复合语句)中使用。 (　　)

(11) 具有不同作用域的变量可以同名,在访问时优先访问具有较小作用域的变量。 (　　)

(12) 静态局部变量在定义时若没有初始化,则自动初始化为 0。 (　　)

(13) 在程序运行过程中,一个静态局部变量最多只被定义和初始化一次。 (　　)

(14) 若函数类型为 void,则函数体内不能有 return 语句。 (　　)

(15) 如果函数没有形参,则函数定义时形参列表可以省略,即函数定义"int fun {…}"是正确的。 (　　)

3. 选择题

(1) 下列叙述中,正确的是(　　)。

A. 在一个函数的函数体中可以定义另一个函数,但不可以调用另一个函数

B. 在一个函数的函数体中可以调用其他函数,但不能调用自己

C. 在一个函数的函数体中既可以定义另一个函数，也可以调用另一个函数

D. 在一个函数的函数体中既可以调用其他函数，也可以调用自己

(2) 函数定义中，下列有关 return 语句的描述错误的是(　　)。

A. 函数定义中可以没有 return 语句

B. 函数定义中可以有多个 return 语句，但是只执行其中之一

C. 函数定义中，一个 return 语句可以返回多个值

D. 只要和函数类型一致，return 后面可以是常量、变量和任一表达式

(3) 在 C++ 中，函数原型中可以省略(　　)。

A. 函数类型　　B. 函数名　　C. 形参类型　　D. 形参名

(4) 有关函数的形参和实参的描述，错误的是(　　)。

A. 函数调用时传入的参数称为实参

B. 函数定义时给出的参数称为形参

C. 形参和实参可以同名

D. 在函数体中修改形参，则相应实参的值也会改变

(5) 下列函数原型中，错误的是(　　)。

A. int fun(int, int);　　B. void fun(int x,y);

C. int fun(int x, int y);　　D. void fun();

(6) 已知 x=3,y=5，则函数调用语句"fun(2*y-1,(++x,y))"中第2个实参的值为(　　)。

A. 9　　B. 3　　C. 4　　D. 5

(7) 下列有关内联函数的描述中，错误的是(　　)。

A. 内联函数必须在定义处加上 inline 关键字，否则就是普通的函数

B. 内联函数必须是一个小函数，不能包含循环、switch 等语句

C. 一个函数中如果包含循环、switch 等语句，则将其定义为内联函数时编译器会报错

D. 在编译程序时，系统会直接将调用内联函数的地方用内联函数中的语句体进行等价替换，从而省去运行程序时函数调用所额外消耗的时间

(8) 下列函数原型中，正确的是(　　)。

A. void fun(int a=10, int b, int c);

B. void fun(int a=10, int b=5, int c);

C. void fun(int a, int b=5, int c=8);

D. void fun(int, int=5, int);

(9) 下列对有关带默认形参值的函数的描述中，正确的是(　　)。

A. 只能在函数定义时设置默认形参值

B. 只能在函数声明时设置默认形参值

C. 函数调用时，必须使用默认的形参值，不能给出新的实参值

D. 默认形参值必须严格按照从右至左的顺序进行指定

(10) 默认形参值不可以是(　　)。

A. 局部变量　　B. 全局变量

C. 静态全局变量　　　　　　　　　　D. 函数调用

(11) 已知fun()函数的函数原型为“void fun(int x, double y=3.5, char z='#');”,则下面的函数调用中,不合法的调用是(　　)。

A. f(1);　　　　　　　　　　B. f(2, 4.2);

C. f(3, 3.7, '*')　　　　　　D. f(0, , '#')

(12) 对于重载函数,程序在调用时根据(　　)能够区分开到底要调用哪个函数。

A. 函数名　　　　　　　　　　B. 函数类型

C. 参数个数或参数类型　　　　D. 以上都可以

(13) 下列函数声明中,为重载函数的一组是(　　)。

A. void fun(int);　　　　void fun(double=5.0);

B. void fun(int);　　　　int fun(int=5);

C. int f1(int);　　　　　int f2(int, int);

D. void fun(int);　　　　int fun(int, int = 3);

(14) 如果需要一个变量只在某个函数中可以使用,且每次执行函数时都重新定义并初始化该变量,那么这个变量应定义为(　　)。

A. 局部变量　　　　　　　　　B. 全局变量

C. 静态局部变量　　　　　　　D. 静态全局变量

(15) 如果需要一个变量来记录函数的调用次数,那么这个变量不能定义为(　　)。

A. 局部变量　　　　　　　　　B. 全局变量

C. 静态局部变量　　　　　　　D. 静态全局变量

(16) 下列关于函数的描述中,错误的是(　　)。

A. 在一个源文件中定义的外部函数可以在其他源文件中调用,静态函数不可以

B. 使用static关键字可以将一个函数定义为静态函数

C. 在一个源文件中定义的内联函数不能在其他源文件中调用

D. 函数的外部声明中可以省略extern关键字

(17) 自定义头文件中一般不包含(　　)。

A. 数据类型的定义　　　　　　B. 全局变量的定义

C. 符号常量的定义　　　　　　D. 内联函数的定义

(18) 下列有关编译预处理命令的描述中,错误的是(　　)。

A. 编译预处理命令都是以井号“#”开头

B. 编译预处理命令在编译之前进行处理

C. 编译预处理命令“#define X 5+1”,会将程序中出现的X替换为6

D. 编译预处理命令可以放在程序的开头、中间或末尾

(19) 下列有关文件包含的描述中,错误的是(　　)。

A. #include后面指定包含的文件可以是系统的头文件

B. #include后面指定包含的文件可以是自定义的头文件

C. 如果包含的头文件名用尖括号括起,则会先在当前工作目录下搜索头文件

D. 如果包含的头文件名用双引号括起,则会先在当前工作目录下搜索头文件

5.3　课后习题参考答案

一、算法设计

1. **问题求解思路**：M 名女生排在第一行的排列数为 P(M，M)＝M!；N－M 名男生排在第二行的排列数为 P(N－M，N－M)＝(N－M)!。总排列数为 P(N，N)×P(N－M，N－M)＝M! ＊(N－M)!。可以将该问题分解为：

(1) 计算 M 的阶乘 J1。

(2) 计算 N－M 的阶乘 J2。

(3) 计算总排列数 P＝J1×J2。

其中，在 2 次求阶乘的子问题中，只是子问题规模不同，而计算方法完全相同。因此，可以设计如表 5-1 和表 5-2 所示的算法来解决该问题。

表 5-1　求解第 1 道算法设计题的算法

步骤	处　理
1	按表 5-2 计算 M 的阶乘 J1
2	按表 5-2 计算 N－M 的阶乘 J2
3	计算总排列数 P＝J1×J2

表 5-2　计算 x 的阶乘的算法

步骤	处　理
1	将用于保存阶乘结果的 J 初始化为 1
2	将 i 的取值范围设置为 2～x，进行如下操作： 　J＝J×i

2. **问题求解思路**：判断某个 m 是否满足条件的问题可以分解为：

(1) 判断 m 是否为回文数。

(2) 判断 m2 是否为回文数。

(3) 判断 m3 是否为回文数。

(4) 根据上述 3 个子问题的解判断 m 是否满足条件。

其中，在 3 次判断回文数的子问题中，只是子问题的参数不同，而计算方法完全相同。因此，可以设计如表 5-3 和表 5-4 所示的算法来解决该问题。

表 5-3　求解第 2 道算法设计题的算法

步骤	处　理
1	m 的取值范围设置为 11～999，进行如下操作： 按照表 5-4 计算 m 是否为回文数； 按照表 5-4 计算 m^2 是否为回文数； 按照表 5-4 计算 m^3 是否为回文数； 如果 m、m^2、m^3 均为回文数， 　m 为满足条件的数

表 5-4　计算 x 是否为回文数的算法

步骤	处　理
1	将用于保存结果的 r 初始化为 false(如果处理后 r 的值仍为 false 则表示不是回文数,否则 r 的值为 true 则表示是回文数),d 用于保存 x 的倒序数且初始化为 0,temp 初始化为 x
2	当 temp 不等于 0 时,进行如下操作: d=d×10+temp%10; temp=temp/10
3	如果 d 与 x 相等, 　x 是回文数,将 r 置为 true

3. **问题求解思路**:判断一个 m 位的数 x(x 的取值范围是 10^{m-1}～10^m-1,表示为 $a_1a_2\cdots a_m$,a_1 不等于 0)是否是广义水仙花数,实际上是计算 $a_1{}^m+a_2{}^m+\cdots+a_m{}^m$ 是否与 $a_1a_2\cdots a_m$ 相等,可以分解为:

(1) 计算 $Sum=a_1^m+a_2^m+\cdots+a_m^m$,该问题又可以进一步分解为:

① 计算 $S1=a_1^m$。

② 计算 $S2=a_2^m$。

⋮

ⓜ 计算 $Sm=a_m^m$。

最后计算 Sum=S1+S2+…+Sm。上面 m 个计算 Si 的子问题只是参数不同,而计算方法完全相同。

(2) 根据 Sum 与 x 是否相等,判断 x 是否为广义水仙花数。

因此,可以设计如表 5-5 至表 5-7 所示的算法解决该问题。

表 5-5　求解第 3 道算法设计题的算法

步骤	处　理
1	x 的取值范围是 10^{m-1}～10^m-1(按表 5-7 计算 10^{m-1} 和 10^m),进行如下操作: 　按表 5-6 计算 x 是否是广义水仙花数

表 5-6　计算 x 是否为广义水仙花数的算法

步骤	处　理
1	将用于保存结果的 r 初始化为 false(如果处理后 r 的值仍为 false 则表示 x 不是广义水仙花数,否则 r 的值为 true 则表示 x 是广义水仙花数),用于保存 $a_1{}^m+a_2{}^m+\cdots+a_m{}^m$ 计算结果的 Sum 初始化为 0,temp 初始化为 x
2	当 temp 不等于 0 时,进行如下操作: 按表 5-7 计算 $e=(temp\%10)^m$; Sum=Sum+e; temp=temp/10
3	如果 Sum 与 x 相等, 　x 是广义水仙花数,将 r 置为 true

表 5-7 计算 y 的 m 次幂的算法

步骤	处　　理
1	将用于保存结果的 r 初始化为 1
2	将 i 的取值范围设置为 1～m，进行如下操作： 　　r=r×y

4. **问题求解思路**：令第 x 天的桃子数为 f(x)，则有 f(x)=f(x−1)/2−1，即 f(x−1)=(f(x)+1)×2，且 f(10)=1。可见，“求第 i 天共有多少个桃子”分解后的子问题为“求第 i+1 天共有多少个桃子”。该问题分解后，待解决子问题与原问题有着相同的特性和解法，只是在问题规模上与原问题相比有所减小，是一个递归问题。因此，可以设计如表 5-8 和表 5-9 所示的算法解决该问题。

表 5-8 求解第 4 道算法设计题的算法

步骤	处　　理
1	按表 5-9 计算第 1 天的桃子个数

表 5-9 计算第 m 天桃子个数的算法

步骤	处　　理
1	如果 m 等于 10， 　　桃子数为 1； 否则， 　　按表 5-9 计算第 m+1 天桃子个数，将计算结果加 1 再乘以 2 后即得到第 m 天的桃子个数

5. **问题求解思路**：8 个皇后必然分布在 8 行，即每行一个皇后，令第 i 个皇后放在第 i 行(i=1,2,…,8)。皇后放置顺序不影响问题的解，这里假设按行的顺序来放置皇后，即先放置第 1 行的皇后，再放置第 2 行的皇后，等等。

在棋盘上放置 8 个皇后使其中任意两个皇后不会互相攻击的问题可以分解为：在棋盘上放置第 x 个皇后时，依次将其摆放在每一列，对于第 x 个皇后的每一种摆法，检查其是否与前 x−1 个皇后会互相攻击。如果会互相攻击，则表明当前摆法中第 x 个皇后至少会与前 x−1 个皇后中的一个互相攻击，不是可行解。如果不会互相攻击，则再判断 x 是否等于 8，如果 x 等于 8，则表明得到一个可行摆法，将可行摆法的数量增 1；如果 x 不等于 8，则表明当前摆法中前 x 个皇后不会互相攻击，再按照同样的方法放置第 x+1 个皇后。

因此，可以设计如表 5-10 至表 5-12 所示的算法解决该问题。

表 5-10 求解第 5 道算法设计题的算法

步骤	处　　理
1	令 t 保存可行摆法的数目，初始化为 0；c_i 保存第 i 个皇后所摆的列数(i=1,2,…,8)。按表 5-11 列举第 1 个皇后在第 1 行的摆放位置，对每一个摆放位置求可行解

表 5-11 列举第 x 个皇后在第 x 行的摆放位置,求可行解

步骤	处理
1	令 i 的取值范围为 1～8,进行如下操作: 按表 5-12 计算第 x 个皇后摆在第 i 列是否会与前 x－1 个皇后互相攻击,如果会互相攻击, 第 x 个皇后不能摆在第 i 列,不做处理 否则, 将 c_x 赋值为 i; 如果 x 等于 8, 找到一个可行解,即第 j 个皇后摆在第 j 行第 c_j 列(j=1,2,…,8),令 t 增 1; 否则, 按表 5-11 列举第 x+1 个皇后在第 x+1 行的摆放位置,求可行解

表 5-12 计算第 x 个皇后摆在第 y 列是否会与前 x－1 个皇后互相攻击

步骤	处理
1	将用于保存计算结果的 r 初始化为 false 表示不会互相攻击(处理后如果 r 为 true 则表示会互相攻击)
2	令 i 的取值范围为 1～x－1,进行如下操作: 如果 y 与 c_i 相等或 y－c_i 的绝对值与 x－i 相等, 第 x 个皇后摆在第 y 列会与第 i 个皇后互相攻击,置 r 为 true 并退出迭代

6. **问题求解思路**:将盘子按从小到大编号为 1～n,即最小的盘子编号为 1,最大的盘子编号为 n。将 n 个盘子从柱子 A 移动到柱子 B 上的问题,可以分解为:

(1) 将编号为 1～n－1 的盘子从柱子 A 移动到柱子 C 上。

(2) 将编号为 n 的盘子从柱子 A 移动到柱子 B 上。

(3) 将编号为 1～n－1 的盘子从柱子 C 移动到柱子 B 上。

当 n 等于 1 时,将盘子直接从柱子 A 或柱子 C 上移动到柱子 B 上。

可见,子问题(1)和(3)与原问题有着相同的特性和解法,只是问题规模比原问题小,是一个递归问题。因此,可以设计如表 5-13 和表 5-14 所示的算法解决该问题。

表 5-13 求解第 6 道算法设计题的算法

步骤	处理
1	令 t 保存当前移动次数,初始化为 0。按表 5-14 将柱子 A 上的 n 个盘子通过柱子 C 移动到柱子 B 上

表 5-14 将柱子 X 上的 r 个盘子通过柱子 Z 移动到柱子 Y 上的算法

步骤	处理
1	如果 r 等于 1, 将柱子 X 上的盘子移动到柱子 Y 上,移动次数 t 增 1; 否则, 按表 5-14 将柱子 X 上的前 r－1 个盘子通过柱子 Y 移动到柱子 Z 上; 将柱子 X 上的最后一个盘子移动到柱子 Y 上,移动次数 t 增 1; 按表 5-14 将柱子 Z 上的 r－1 个盘子通过柱子 X 移动到柱子 Y 上

二、提高 C++ 语言程序设计能力练习

1. 填空题

(1) `int abs(int x)`

(2) `int fun(int, int);`
`int fun(int x, int y)`

(3) `r*=i`
`n%2==0`
`facSum+=fac(i)`

(4) `n<=2`
`cur=pre1+pre2`
`Fib(i)`

(5) `break`
`IsPrime(n)`

(6) `double findmax(double a, double b)`
`findmax(sin(x), cos(x))`

(7) `i<2*n-1`
`output(i)`
`output(i)`

(8) 8

(9) 7,11

(10) 32

(11) 9

(12)
```
1
1 1
1 2 1
1 3 3 1
1 4 6 4 1
```

(13) 15

(14) 11.6
8.3

(15) 11.6
8

(16) 16
18

(17) 30

15

(18) AbCdeFg

2. 判断题

(1) √	(2) ×	(3) √	(4) ×	(5) ×
(6) ×	(7) √	(8) √	(9) ×	(10) √
(11) √	(12) √	(13) √	(14) ×	(15) ×

3. 选择题

(1) D	(2) C	(3) D	(4) D	(5) B
(6) D	(7) C	(8) C	(9) D	(10) A
(11) D	(12) C	(13) A	(14) A	(15) A
(16) C	(17) B	(18) C	(19) C	

第6章　数据存储

导学

【实习目标】

- 掌握计算机中数据存储的基本原理。
- 掌握使用指针操作内存中数据的方法。
- 掌握指针和引用作为函数参数和函数返回值的作用和使用方法。
- 掌握常用字符串函数的使用方法。

6.1　课程实习

1. 编写程序：已知有一维数组{20，31，43，78，9，18，23，76，92，52}，定义一级指针变量操作该一维数组，计算其所有元素的最大值和平均值，并将计算结果显示在屏幕上。

(1) 用C++语言写出程序代码。

（2）上机调试并测试你的程序。

2. 编写程序：已知二维数组{{90，78}，{88，80}，{79，76}}存储了3名学生在2门课程上的成绩，进行以下操作：①使用指向行的指针操作该二维数组，计算每名学生的课程平均成绩；②使用一级指针操作该二维数组，计算每门课程的学生平均成绩。将计算结果显示在屏幕上。

（1）用C++语言写出程序代码。

（2）上机调试并测试你的程序。

3. 编写程序：使用一级指针操作字符串，将用户输入字符串中的所有小写英文字母取出放到一个新串中，并将新串输出到屏幕上。

（1）用C++语言写出程序代码。

（2）上机调试并测试你的程序。

4. 编写程序：定义整型指针，并根据程序运行时用户输入的元素数量 n 动态分配 n 个元素的内存空间，然后用户从键盘输入这 n 个元素，程序将其逆序后输出到屏幕上，程序结束前释放这部分堆内存空间。

（1）用 C++ 语言写出程序代码。

（2）上机调试并测试你的程序。

5. 改写第1题的程序，编写函数实现：计算数组中所有元素的最大值和平均值，要求将一维数组的首地址作为参数传递给函数。

（1）用 C++ 语言写出程序代码。

（2）上机调试并测试你的程序。

6. 改写第2题的程序，编写函数实现：①计算每名学生的课程平均成绩，要求将二维数组的首地址作为参数传递给函数；②计算每门课程的学生平均成绩，要求将二维数组第1个元素的首地址作为参数传递给函数。将计算结果显示在屏幕上。

（1）用C++语言写出程序代码。

（2）上机调试并测试你的程序。

7. 编写函数SwapCharPointer()实现交换两个字符型指针的值的功能。例如，已知“char *s1="teacher";char *s2="student";”，执行“SwapCharPointer(&s1, &s2);”或“SwapCharPointer(s1, s2);”后s1指向字符串常量"student"的首地址，s2指向字符串常量"teacher"的首地址。

（1）用C++语言写出程序代码。

（2）上机调试并测试你的程序。

8. 编写函数 DifStrCat()实现：将两个字符串作为参数传递给函数，若两个字符串相同，则返回 NULL；若两个字符串不同，则将它们连接并动态分配一片内存空间保存连接后的字符串。例如，若“char s1[]="my", char s2[]="my";”，则函数调用 DifStrCat(s1, s2)会返回 NULL；若“char s1[]="my", char s2[]="book";”，则函数调用 DifStrCat(s1, s2)会返回一个字符型指针，该指针所指向的内存空间中保存着字符串"mybook"，注意在程序结束前要将动态分配的内存空间释放。

（1）用 C++ 语言写出程序代码。

（2）上机调试并测试你的程序。

6.2　课后习题

1. 填空题

（1）下面程序输出结果为 3，请将程序填写完整。

```
#include <iostream>
using namespace std;
int main()
{
    int a[]={1,2,3,4,5}, ________;
    cout<<*(p+1)<<endl;
    return 0;
}
```

(2) 下面程序输出结果为“86,75”,请将程序填写完整。

```
#include <iostream>
using namespace std;
int main()
{
    int score[][3]={{95,90,86},{75,92,80}}, ________, ________;
    cout<<p1[0][2]<<","<<p2[3]<<endl;
    return 0;
}
```

(3) 下面程序输出结果为"book",请将程序填写完整。

```
#include <iostream>
using namespace std;
int main()
{
    char str[]="Mybook!";
    char substr[20], *p=________;
    int i;
    for (i=0;i<4;i++)
        substr[i]=*(p+i+2);
    ________;
    cout<<substr<<endl;
    return 0;
}
```

(4) 下面程序的输出结果为“student teacher”,请将程序填写完整。

```
#include <iostream>
using namespace std;
void swap(________)
{
    char *temp;
    temp =str1;
    str1 =str2;
    str2 =temp;
}
int main()
{
    char *s1 ="teacher", *s2 ="student";
    swap(s1, s2);
    cout<<s1<<" "<<s2<<endl;
    return 0;
}
```

(5) 下面程序的输出结果为“student teacher”,请将程序填写完整。

```
#include <iostream>
using namespace std;
void swap(________)
{
    char *temp;
    temp = *ps1;
    *ps1 = *ps2;
    *ps2 =temp;
}
int main()
{
    char *s1 ="teacher", *s2 ="student";
    swap(&s1, &s2);
    cout<<s1<<" "<<s2<<endl;
    return 0;
}
```

(6) 下面程序输出结果为 5,请将程序填写完整。

```
#include <iostream>
using namespace std;
int array[] ={1, 2, 3};
________ index(int i)
{
    return array[i];
}
int main()
{
    index(2) =5;
    cout<<array[2]<<endl;
    return 0;
}
```

(7) 下面程序输出结果为"Beijing Tianjin Shanghai",请将程序填写完整。

```
#include <iostream>
using namespace std;
void fun(________, int n)
{
    for (int i=0; i<n; i++)
        cout<<s[i]<<' ';
}
int main()
{
    char *str[] ={"Beijing", "Tianjin", "Shanghai"};
    fun(________, 3);
    return 0;
}
```

(8) 下面程序输出"My book!"(My 和 book 间有一个空格)，请将程序填写完整。

```
#include <iostream>
using namespace std;
int main()
{
    char str[20];
    _______;                    //用户从键盘输入"My book!"
    cout<<str<<endl;            //输出"My book!"
    return 0;
}
```

(9) 下面程序的功能是从键盘输入字符串后将该字符串的长度输出到屏幕上，请将程序填写完整。

```
#include <iostream>
using namespace std;
int main()
{
    char str[20];
    cin>>str;
    cout<<"字符串"<<str<<"的长度为:"<<_______<<endl;
    return 0;
}
```

(10) 下面程序的功能是比较 str1 和 str2 所保存的字符串是否相同，若相同，则输出"str1 与 str2 中保存的字符串相同"；若不同，则将 str1 与 str2 连接，并将连接后的结果保存在 str3 中。请将程序填写完整。

```
#include <iostream>
using namespace std;
int main()
{
    char str1[20], str2[20], str3[40];
    cout<<"请输入两个字符串:";
    cin>>str1>>str2;
    if (_______________)
        cout<<"str1 与 str2 中保存的字符串相同"<<endl;
    else
    {
        _______________;    //将 str1 中的字符串复制到 str3 中
        _______________;    //将 str2 中的字符串连接到 str3 中字符串的尾部
        cout<<"str1 与 str2 连接后的结果为:"<<str3<<endl;
    }
    return 0;
}
```

(11) 下面程序的运行结果是________。

```
#include <iostream>
using namespace std;
int fun(int *p, int n)
{
    int i, m=p[0];
    for (i=1; i<n; i++)
        if (m<p[i])
            m=p[i];
    return m;
}
int main()
{
    int a[] ={1,2,3,4,5,6,7,8,9,10};
    cout<<fun(a+1, 3)<<endl;
    return 0;
}
```

(12) 下面程序的运行结果是________。

```
#include <iostream>
using namespace std;
void fun(char *p, int n)
{
    char t;
    for (int i=0; i<n/2; i++)
    {
        t =p[n-i-1];
        p[n-i-1] =p[i];
        p[i]=t;
    }
}
int main()
{
    char s[] ="abcde";
    fun(s, 5);
    cout<<s<<endl;
    return 0;
}
```

(13) 下面程序的运行结果是________。

```
#include <iostream>
using namespace std;
int diguimax(int a[], int n)
{
```

```
    int f;
    if (n==1)
        return a[0];
    f =diguimax(a+1, n-1);
    if (f>a[0])
        return f;
    return a[0];
}
int main()
{
    int c[] ={7, 29, 36, 28, 6, -5};
    cout<<diguimax(c, 6)<<endl;
    return 0;
}
```

(14) 下面程序的运行结果是________。

```
#include <iostream>
using namespace std;
void fun(int &a, int b)
{
    int t =a;
    a =b;
    b =t;
}
int main()
{
    int a =3, b =5;
    fun(a, b);
    cout<<a<<','<<b<<endl;
    return 0;
}
```

(15) 下面程序的运行结果是________。

```
#include <iostream>
using namespace std;
void fun(int a, int b, int &sum, int sub)
{
    sum =a+b;
    sub =a-b;
}
int main()
{
    int a=5, b=10, sum=0, sub=0;
    fun(a, b, sum, sub);
    cout<<sum<<endl;
```

```
    cout<<sub<<endl;
    return 0;
}
```

(16) 下面程序的输出结果是________。

```
#include <iostream>
using namespace std;
int main()
{
    char name[20];
    gets(name);                    //输入"Wang Tao"(Wang 和 Tao 之间有一个空格)
    cout<<strlen(name)<<endl;
    cin>>name;                     //输入"Li Xiaoming"(Li 和 Xiaoming 之间有一个空格)
    cout<<strlen(name)<<endl;
    return 0;
}
```

(17) 下面程序的输出结果是________。

```
#include <iostream>
using namespace std;
int main()
{
    char s1[20] ="my";
    char s2[20] ="book";
    strcat(s1, s2);
    cout<<s1<<endl;
    strcpy(s1, s2);
    cout<<s1<<endl;
    return 0;
}
```

(18) 下面程序的输出结果是________。

```
#include <iostream>
using namespace std;
int main()
{
    char s1[] ="abc";
    char s2[] ="ABC";
    int n;
    n =strcmp(s1, s2);
    if (n==0)
        cout<<"s1 与 s2 保存的字符串相同!"<<endl;
    else if (n>0)
        cout<<"s1 保存的字符串大于 s2 保存的字符串!"<<endl;
    else
```

```
        cout<<"s1保存的字符串小于s2保存的字符串!"<<endl;
    return 0;
}
```

2. 判断题

(1) 语句“int *p;”中的星号“*”表示定义的是一个指针变量。 ( )

(2) 已知p是一个int型指针变量,则语句“*p=10;”中的星号“*”是取内容运算符。
( )

(3) 已知“char a[]={'a', 'b', 'c'}, *p=a+1;”,则执行“*p++;”后,a[2]的值为'd'。
( )

(4) 已知“double a[10], *p=&a[3];”,则执行“p=p+2;”后,p指向元素a[5]的地址。 ( )

(5) 已知“int a[]={1,2,3}; const int *p=a;”,则语句“*p=5;”会将元素a[0]的值赋为5。 ( )

(6) 用new动态分配的内存必须用delete释放,否则会产生内存泄漏。 ( )

(7) 用new动态分配内存时既可以使用常量也可以使用变量指定元素数目。 ( )

(8) 一个引用在初始化后,其所引用的对象不能改变。 ( )

(9) 语句“int &r=10;”在编译时会报错。 ( )

(10) 语句“char *s = "abc"; strcpy(s, "def");”可以正常运行。 ( )

(11) 语句“char s[] = "abc"; strcat(s, "def");”可以正常运行。 ( )

(12) 已知函数原型“double fun();”,要定义一个函数指针变量p指向该函数的首地址,则其定义语句为“double (*p)()=fun;”。 ( )

(13) 函数返回的指针可以是全局变量、静态全局变量或静态局部变量的地址,但不可以是局部变量的地址。 ( )

(14) 将数组名作为函数实参,表示将数组首地址传递给函数,在函数中可以通过该首地址操作数组中的元素并更改元素的值。 ( )

(15) 返回引用的函数中return后面可以是一个全局变量、静态全局变量或静态局部变量,但不可以是局部变量。 ( )

(16) gets()函数与cin功能类似,但使用gets()函数时只有遇到换行符才表示一个字符串的结束,而使用cin时除了换行符,遇到空格或制表符也表示一个字符串的结束。
( )

(17) puts()函数与cout功能类似,但puts()函数输出字符串后会自动换行,而cout不会自动换行。 ( )

(18) strlen("abc")与sizeof("abc")的运算结果相同。 ( )

(19) 已知“char s[20];”,则语句“strcpy(s, "abc");”与“s="abc";”的作用相同。
( )

(20) 已知“char str[]="my";”,则执行“strcat(str, "book");”后,str中保存的字符串为"mybook"。 ( )

3. 选择题

(1) 已知“int a=5, b, * p=&a;”,则下列语句中正确的是(　　)。

A. &b=a;　　B. b= * p;　　C. * p=&b;　　D. b=p;

(2) 已知“int a[10], * p=a;”,则以下各选项中对数组元素 a[2]访问错误的是(　　)。

A. * (a+2)　　B. p[2]　　C. * (p+2)　　D. p+2

(3) 已知“int a[]={1,2,3,4,5}, * p=a;”,则以下各选项中对数组元素访问错误的是(　　)。

A. * (p+2)　　B. a[5]　　C. a[3]　　D. p[p-a]

(4) 已知“int * p[5];”,则 p 是(　　)。

A. 指针数组　　B. 函数指针变量

C. 指向行的指针变量　　D. 一级指针变量

(5) 已知“int (* p)();”,则 p 是(　　)。

A. 指针数组　　B. 函数指针变量

C. 指向行的指针变量　　D. 一级指针变量

(6) 已知“int a[3][2]={{0,1},{2,3},{4,5}}, (* p)[2]=a+1;”,则 p[1][1]的值是(　　)。

A. 2　　B. 3　　C. 4　　D. 5

(7) 已知有以下程序段:

```
int a[3][4], * p[3]={a[0], a[1], a[2]}, * * pp=p, i;
for (i=0; i<12; i++)
    a[i/4][i%4]=i;
```

则 pp[1][2]的值是(　　)。

A. 3　　B. 4　　C. 5　　D. 6

(8) 已知“int a[]={1,2,3,4,5}, * p=a;”,则以下各选项中值为数组元素地址的是(　　)。

A. * (a+3)　　B. &(a+3)　　C. p+3　　D. * (&a[3])

(9) 已知有以下程序段:

```
int a[]={1,2,3,4,5}, * p;
p=a+1;
* (p+2)+=2;
cout<< * p<<','<< * (p+2)<<endl;
```

则输出结果是(　　)。

A. 1,5　　B. 2,6　　C. 1,6　　D. 2,5

(10) 已知“int a[5]={10,20,30,40,50}, * p1, * p2; p1=&a[2]; p2=&a[4];”,则 p2-p1 的值是(　　)。

A. 2　　B. 3　　C. 20　　D. 30

(11) 对于相同类型的指针变量,不能进行的运算是(　　)。

A. =　　B. *　　C. -　　D. >

(12) 已知"int *p=new int[5];",若堆内存分配成功,则指针 p 所指向的内存空间大小为(　　)字节。

A. 5　　B. 10　　C. 20　　D. 不确定

(13) 假设堆内存分配均成功,则下面程序段完全正确的是(　　)。

A. int *p=new int(3);cout<<*p;delete p;

B. int *p=new int[3];for(int i=0;i<3;i++) *p++=i;delete []p;

C. int *p=new int[3];for(int i=0;i<3;i++,p++) { *p=i; cout<<*p;}delete []p;

D. 以上程序段均正确

(14) 已知"int a=2, b=3, &r=a; r=b; r=5; cout<<a<<","<<b;",则输出结果为(　　)。

A. 2,5　　B. 2,3　　C. 5,3　　D. 5,5

(15) 已知"int a=10, *p, *&rp=p; rp=&a; *p+=20;cout<<a;",则输出为(　　)。

A. 10　　B. 20　　C. 30　　D. 程序有错误

(16) 已知"char a[]="abcd", *p=a+2;",则语句"cout<<p;"会在屏幕上输出(　　)。

A. bcd　　B. c　　C. cd　　D. d

(17) 已知"char str[20]="mybook", *p=str+2;",则以下各选项中输出结果为"b"的是(　　)。

A. cout<<p;　　B. cout<<p[0];

C. cout<<str;　　D. cout<<str+2;

(18) 已知函数原型"int fun(int, int);",要定义一函数指针变量 p 使得"p=fun;"成立,则函数指针变量 p 的定义语句为(　　)。

A. int (*p)(int, int);　　B. int *p(int, int);

C. int *p[int, int];　　D. 以上选项都不对

(19) 已知"int a[2][3], b=fun(a);",则 fun()函数原型为(　　)。

A. void fun(int (*p)[2]);　　B. void fun(int (*p)[3]);

C. int fun(int (*p)[2]);　　D. int fun(int (*p)[3]);

(20) 已知"int* a[3], b=fun(a);",则 fun()函数原型为(　　)。

A. void fun(int (*p)[3]);　　B. void fun(int **p);

C. int fun(int (*p)[3]);　　D. int fun(int *p[]);

(21) 已知函数调用"char str[2][10]={"abc", "def"}; fun(str);",则下列给出的 fun()函数原型中正确的是(　　)。

A. void fun(char (*p)[2]);　　B. void fun(char (*p)[10]);

C. void fun(char *p[2]);　　D. void fun(char **p);

(22) 已知"int a[2][3]; fun(a);",fun 函数的形参变量名为 p,则在 fun()函数体中通过 sizeof(p)计算得到的结果为(　　)。

A. 4　　B. 6　　C. 12　　D. 24

(23) 已知函数原型"void fun(const int &a);",则下列 fun()函数调用正确的是(　　)。

A. int x=3; fun(x);　　　B. const int y=3; fun(y);

C. fun(3);　　　D. 以上 3 种都正确

(24) 已知"int * p; fun(p);",其中函数 fun 没有返回值且其形参定义为引用调用方式,则下列给出的 fun 函数原型中正确的是(　　)。

A. void fun(int a[]);　　　B. void fun(int * &a);

C. void fun(int &a[]);　　　D. void fun(int & * a);

(25) 已知函数定义"void fun(int &a, int b) { b++; a++;}",则执行"int x=2,y=3; fun(x,y);"后,变量 x 和 y 的值分别为(　　)。

A. 2,3　　　B. 3,4　　　C. 2,4　　　D. 3,3

(26) 已知"char * s="mybook";",则 strlen(s)的值为(　　)。

A. 4　　　B. 6　　　C. 7　　　D. 不确定

(27) 已知"char * s="mybook";",则下列语句正确的是(　　)。

A. strcpy(s,"hello");　　　B. strcat(s, "hello");

C. s="hello";　　　D. 以上均不正确

6.3　课后习题参考答案

1. 填空题

(1) * p=a+1

(2) (* p1)[3]=score

* p2=score[0]

(3) str

substr[i]='\0'

(4) char * &str1, char * &str2

(5) char * * ps1, char * * ps2

(6) int&

(7) char * * s

str

(8) gets(str)

(9) strlen(str)

(10) strcmp(str1, str2)==0

strcpy(str3, str1)

strcat(str3, str2)

(11) 4

(12) edcba

(13) 36

(14) 5,5

(15) 15

0

(16) 8

2

(17) mybook

book

(18) s1 保存的字符串大于 s2 保存的字符串!

2. 判断题

(1) √	(2) √	(3) ×	(4) √	(5) ×
(6) √	(7) √	(8) √	(9) √	(10) ×
(11) ×	(12) √	(13) √	(14) √	(15) √
(16) √	(17) √	(18) ×	(19) ×	(20) ×

3. 选择题

(1) B	(2) D	(3) B	(4) A	(5) B
(6) D	(7) D	(8) C	(9) B	(10) A
(11) B	(12) C	(13) A	(14) C	(15) C
(16) C	(17) B	(18) A	(19) D	(20) D
(21) B	(22) A	(23) D	(24) B	(25) D
(26) B	(27) C			

第7章 面向对象方法

导 学

【实习目标】

- 面向要解决的实际问题，能够用面向对象的方法来分析问题。
- 掌握 C++ 语言实现面向对象程序设计的基本方法，具体内容包括：
  - ◆ 类的定义和使用方法。
  - ◆ 对象的定义和使用方法，以及成员的访问方法。
  - ◆ 构造函数和析构函数的作用、定义方法及执行过程。
  - ◆ 静态成员的作用、定义和使用方法。
  - ◆ 友元的作用和使用方法。
  - ◆ 对象成员的定义和使用方法。
  - ◆ 运算符重载的定义与使用方法。

7.1 课程实习

一、实习一

1. 本实习重点：类和对象的基本定义、构造函数和析构函数。

设计一个点类 Point，该类具有两个实数坐标，能够初始化对象的属性，能够设置对象的属性，能够显示对象的属性，在对象生命周期结束时，能够显示“再见！”信息。要求：

① 合理地设计属性和方法。

② 考虑如何实现在点的两个坐标已知和两个坐标未知情况下初始化对象。

③ 合理地设计类成员的访问控制方式。

④ 用主函数测试你的类。

(1) 写出描述该问题的类。

类名	Point	
	含　义	C++ 描述
属性	x 坐标 y 坐标	private：double m_x; private：double m_y;
方法	创建对象 撤销对象 设置属性 显示属性	public：Point()； public：Point(double x，double y)； public：～Point()； public：void set()； public：void display()；

（2）用 C++ 语言或其他高级程序设计语言写出定义和应用该类的核心代码。

① 定义 Point 类

```
class Point
{
public:
    Point(){}
    Point(double x,double y)
    {
        m_x=x;m_y=y;
    }
    ~Point()
    {
        cout<<"再见！"<<endl;
    }
    void set()
    {
        cout<<"请输入点的 x 坐标和 y 坐标:";
        cin>>m_x>>m_y;
    }
    void display()
    {
        cout<<"点的 x 坐标为:"<<m_x<<endl;
        cout<<"点的 y 坐标为:"<<m_y<<endl;
    }
private:
    double m_x,m_y;
};
```

② 主函数

```
int main()
{
    Point pointA,pointB(1,1);
    pointA.set();
    pointA.display();
    pointB.display();
    return 0;
}
```

（3）上机调试并测试你的程序。

2. 本实习重点：静态成员和多文件结构。

设计一个立方体类，该类具有边长，能够设置立方体的边长，求立方体的体积。该类还能够记录和显示当前立方体的数量。要求：

① 合理地设计属性和方法。

② 考虑如何通过构造函数和析构函数维护对象数量的情况。

③ 合理地设计类成员的访问控制方式和静态特性。

④ 用主函数测试你的类。

⑤ 要求用多文件结构实现你的程序。

（1）设计描述问题的类。

类名	Cube	
	含　　义	C++ 描述
属性	边长 对象数量	private：double m_x； private：static int numOfObject；
方法	创建对象 撤销对象 设置边长 求体积 显示对象数量	public：Cube()； public：~Cube()； public：void set(double x)； public：double getVolume()； public：static void displayNumOfObject()；

（2）用C++语言或其他高级程序设计语言写出定义和应用该类的核心代码。

文件名称：Cube.h 功能：Cube类的声明 核心代码：

文件名称：Cube. cpp
功能：Cube 类的实现
核心代码：

文件名称：testCube. cpp
功能：测试 Cube 类
核心代码：

（3）上机调试并测试你的程序。

二、实习二

1. 本实习重点：友元和运算符重载。

设计一个 Student 类，每名学生包含学号、姓名和总评成绩 3 个属性，学生的学号和姓名通过初始化得到，学生的总评成绩通过赋值运算符“＝”得到。能够通过普通函数 display 函数输出学生的学号、姓名和总评成绩等信息。要求：

① 合理地设计属性和方法。

② 合理地设计类成员的访问控制方式和友元。

③ 考虑如何初始化学生对象的“学号”和“姓名”属性。

④ 考虑如何通过“对象名＝总评成绩”实现给对象的“总评成绩”属性赋值。

⑤ 用主函数测试你的类。

⑥ 要求用多文件结构实现你的程序。

（1）设计描述问题的类。

类名	Student	
	含　义	C++ 描述
属性		
方法		

（2）用 C++ 语言或其他高级程序设计语言写出定义和应用该类的核心代码。

文件名称：Student. h
功能：Student 类的声明
核心代码：

文件名称：Student. cpp
功能：Student 类的实现
核心代码：

文件名称：testStudent.cpp 功能：测试 Student 类 核心代码：

（3）上机调试并测试你的程序。

2. 本实习重点：对象成员。

设计一个 Point 类，再定义一个 Circle 类，Circle 类对象的圆心属性是 Point 类对象。要求：

① 根据需要，合理地设计描述 Point 类和 Circle 类的属性和方法。

② 合理地设计类成员的访问控制方式。

③ 考虑如何初始化 Point 类对象和 Circle 对象。

④ 考虑如何输出 Circle 对象的属性信息。

⑤ 用主函数测试你的类。

⑥ 要求用多文件结构实现你的程序。

（1）设计描述问题的类。

类名	Point	
	含　义	C++ 描述
属性		
方法		

类名	Circle	
	含　　义	C++ 描述
属性		
方法		

（2）用 C++ 语言或其他高级程序设计语言写出定义和应用该类的核心代码。

文件名称：Define. h 功能：Point 类和 Circle 类的声明 核心代码：

文件名称：DefineClass. cpp
功能：Point 类和 Circle 类的实现
核心代码：

文件名称：testCircle. cpp
功能：测试 Circle 类
核心代码：

（3）上机调试并测试你的程序。

7.2 课后习题

一、类设计

1. 设计一个圆柱体类，该类有通过参数初始化对象或者通过一个已知对象初始化一个对象，以及求圆柱体体积和表面积的功能。

2. 设计一个分数类，该类有通过参数初始化对象和两个分数相加、相减的运算功能，以及按照 a/b 的形式输出分数的功能。

3. 设计一个时间类。该类有通过参数初始化对象、设置时间的功能，还有对设置的时间进行检查其有效性的功能，以及按照 hh：mm：ss 的格式显示时间的功能。

4. 设计一个矩形类，这个类对象的长和宽可以初始化为默认值，也能够设置矩形的长和宽(需要长和宽的取值为 0.1～10.0)，能够得到矩形的长和宽的属性，能够计算矩形的面积。

5. 设计一个整数集合类。类中的每个对象是 0～100 的整数集。新对象被初始化为“空集”。能够进行增加集合元素、删除集合元素的运算，能够进行两个集合的并、交、差的运算，还能够进行两个集合是否相等的运算，能够输出集合元素。

二、提高 C++ 语言程序设计能力练习

1. 填空题

(1) 相同类型的对象被抽象成一个共同的________。一个类是为相同类型的对象所定义的数据和函数的模板，一个对象是类的一个具体________，一个类可以创建________对象。

(2) 在 C++ 程序设计语言中，一个类由变量和函数组成。类中的变量用来描述对象的状态(属性)，这些变量称为________。类中的函数用来描述对象的方法(行为)，这些函数称为________。

(3) 定义类的关键字为________。

(4) 在 C++ 中，对象的初始化工作是由一个特殊的成员函数即________来完成的，该函数在创建一个对象时被自动调用。如果在类定义时没有给出构造函数，系统会________一个默认的无参构造函数。

(5) 在 C++ 中，类是一种用户自定义的数据类型，与基本数据类型一样，通过定义类的变量，即________，才能通过对象来解决实际问题。

(6) 一个对象创建以后，访问它的数据成员和调用它的成员函数，可通过________和对象成员访问运算符“.”，或对象指针和________两种方式完成。

(7) 在 C++ 语言中，面向对象方法中的消息机制是通过对象或指向对象的指针调用________来实现的。

(8) C++ 是通过 3 个关键字________、private 及 protected 来指定类成员的访问限制的。一般将类的数据成员和不希望外界知道其实现细节的成员函数声明为________，程序必须通过类的公有成员函数才能间接地访问类的私有成员，从而实现对类成员的封装。

(9) 在对象的生存期结束时，有时也需要执行一些操作。这部分工作可以放在________中，它________(能/不能)被重载。

(10) ________的作用是用一个已经存在的对象来初始化一个正在创建的新对象。

(11) 类的声明描述了类的结构，包括类的所有数据成员、方法成员和________。类的定义实现了________的具体功能。

(12) 在类的成员前如果加上关键字________修饰的成员就是类的静态成员。类的静态成员包括静态数据成员和静态成员函数。类的静态成员属于________，不属于任何对象。

(13) 类的________是被声明为 const 类型的成员函数。常量成员函数只有权读取对象的数据成员，但无权________对象数据成员的值。

(14) 在 C++ 语言中，每个类的非静态成员函数都有一个隐含的指针称为________指针。该指针指向________。

(15) 类的友元用关键字________来声明，友元可以直接访问类的________。

(16) 一个对象数据成员的初始化的具体方法是在定义“大对象”所在类的________时，需要在函数体外通过________将参数传递到对象成员的构造函数中。

(17) 运算符重载实质上是函数重载。运算符函数的定义与其他函数的定义类似，唯一的区别是运算符函数的函数名是由关键字________和其后要重载的运算符符号构成的。

(18) MyClass 是已经定义好的类，有定义语句“MyClass * p;”，则执行“p = new MyClass;”语句时，将自动调用该类的________。执行“delete p;”语句时，将自动调用该类的________。

(19) 在 C++ 中，使用一个指针访问其所指向的对象的成员所用的运算符是________。

(20) 对于下面定义的类 MyClass，请在函数 f()中添加语句把 n 的值修改为 50。

```
class MyClass
{
public:
    MyClass(int x){n=x;}
    void SetNum(int n1){n=n1;}
private:
    int n;
};
void f()
{
    MyClass *ptr=new MyClass(45);
    ________
}
```

(21) 请将下面的类定义补充完整。

```
class MyClass
{
```

```
public:
    MyClass(int size)
    {
        m_size=size;
        m_p=new int[size];
    }
    ~MyClass()
    {
        delete []m_p;
    }
    MyClass(MyClass& mc)
    {
        m_size=_______;
        m_p=new int[m_size];
        for(int i=0;i<m_size;i++)
            m_p[i]=_______ ;
    }
private:
     int *m_p;
     int m_size;
};
```

(22) 下面程序的运行结果为________。

```
#include <iostream>
using namespace std;
class Sample
{
public:
    Sample(int a)
    {
        m_a=a;
        m_b+=a;
    }
    static void func(Sample s);
private:
    int m_a;
    static int m_b;
};
void Sample::func(Sample s)
{
    cout<<s.m_a<<","<<m_b<<endl;
}
int Sample::m_b=0;
int main()
{
```

```
    Sample s1(1),s2(2);
    Sample::func(s1);
    Sample::func(s2);
    return 0;
}
```

(23) 下面程序的运行结果为________。

```
#include <iostream>
using namespace std;
class A
{
public:
    A(){n=1;}
    A(int num){ n=num;}
    void print(){ cout <<n;}
private:
    static int n;
};
int A::n=2;
int main()
{
    A a,b(3);
    a.print();
    b.print();
    return 0;
}
```

(24) 下面程序的运行结果为________；
全局变量 i 的作用是________。

```
#include <iostream>
using namespace std;
int i=0;
class A
{
public:
    A(){i++;}
};
int main()
{
    A a,b[3], *c;
    c=b;
    cout <<i <<endl;
    return 0;
}
```

(25) MyClass 是已经定义好的类,若有定义语句“MyClass *p[4],a[4],b(3),c;”,则该类的构造函数调用的次数为________。

2. 判断题

(1) 类和对象的关系是一种数据类型与变量的关系。 ( )

(2) 原型为“void AA(int);”的函数可以作为类 AA 的构造函数。 ( )

(3) 在类的定义中,用于对类的数据成员进行初始化的函数是构造函数。 ( )

(4) 类的析构函数的作用是对象生存期结束时做些清理工作。 ( )

(5) 友元也是类的访问控制类型。 ( )

(6) 友元函数破坏了类的封装性。 ( )

(7) 类的静态数据成员需要在类体内进行初始化。 ( )

(8) 在同一变量作用域,创建对象的顺序与撤销对象的顺序相反。 ( )

(9) ::是作用域运算符,表示其后的函数或数据属于哪个类。 ( )

(10) 类的静态成员只能用类来访问。 ( )

(11) 一个对象被创建后,其常量数据成员的值允许再次被修改。 ( )

(12) 当成员函数的函数体较大、较复杂且不需要修改数据成员的值时,通常将其定义为常量成员函数,让系统帮助避免该函数对对象数据成员的误修改。 ( )

(13) 在类的成员函数中存在语句“return *this;”,表明该函数的返回类型为类指针。 ( )

(14) 将 A 类声明为 B 类的友类后,A 类的任何成员函数都有权访问 B 类中的任何成员,包括私有成员和保护成员。 ( )

(15) 重载之后的运算符不能改变运算符的优先级和结合性,但能改变运算符操作数的个数及语法结构。 ( )

3. 选择题

(1) 下面关于类和对象的描述中,错误的是( )。

A. 类就是 C++ 语言中的结构体类型,对象就是 C++ 语言中的结构体变量

B. 类和对象之间的关系是抽象和具体的关系

C. 对象是类的实例,一个对象必须属于一个已知的类

D. 类是具有共同行为的若干对象的统一描述体

(2) 在 C++ 语言中,数据封装要解决的问题是( )。

A. 数据的规范化　　B. 便于数据转换

C. 避免数据丢失　　D. 防止不同模块之间数据的非法访问

(3) 下面对类的构造函数和析构函数描述正确的是( )。

A. 构造函数可以重载,析构函数不能重载

B. 构造函数不能重载,析构函数可以重载

C. 构造函数可以重载,析构函数也可以重载

D. 构造函数不能重载,析构函数也不能重载

(4) 下面对静态数据成员的描述中，正确的是(　　)。

A. 静态数据成员可以在类体内进行初始化

B. 静态数据成员不可以被类的对象调用

C. 静态数据成员不受 private 控制符的作用

D. 静态数据成员可以直接用类名访问

(5) 下面对于友元函数描述正确的是(　　)。

A. 友元函数的实现必须在类的内部定义

B. 友元函数是类的成员函数

C. 友元函数破坏了类的封装性和隐藏性

D. 友元函数不能访问类的私有成员

(6) 如果类 A 被说明成类 B 的友元，则(　　)。

A. 类 A 的成员就是类 B 的成员

B. 类 B 不一定是类 A 的友元

C. 类 A 的成员函数不得访问类 B 的成员

D. 类 B 的成员就是类 A 的成员

(7) 为了使类中的某个成员不能被类的对象通过成员操作符访问，则不能把该成员的访问权限定义为(　　)。

A. public　　B. protected　　C. private　　D. static

(8) 在 C++ 语言程序中，对象之间的相互通信通过(　　)。

A. 继承实现　　B. 调用成员函数实现

C. 封装实现　　D. 函数重载实现

(9) 通常拷贝构造函数的参数是(　　)。

A. 某个对象名　　B. 某个对象的成员名

C. 某个对象的引用名　　D. 某个对象的指针名

(10) 下列关于构造函数说法不正确的是(　　)。

A. 构造函数必须与类同名

B. 构造函数可以省略不写

C. 构造函数必须有返回值

D. 在构造函数中可以对类中的成员进行初始化

(11) 如果友元函数形式重载一个运算符时，其参数表中没有任何参数则说明该运算符是(　　)。

A. 一元运算符　　B. 二元运算符

C. 选项 A 和选项 B 都可能　　D. 重载错误

(12) 已知在一个类体中包含函数原型“Volume operator-(Volume)const;”，下列关于这个函数的叙述中错误的是(　　)。

A. 这是运算符-的重载运算符函数

B. 这个函数所重载的运算符是一个一元运算符

C. 这是一个成员函数

D. 这个函数不改变类的任何数据成员的值

(13) 类的默认的无参构造函数(　　)。

A. 在任何情况下都存在　　B. 仅当未定义无参构造函数时存在

C. 仅当未定义有参构造函数时存在　　D. 仅当未定义任何构造函数时存在

(14) 类 MyClass 的定义如下:

```
class MyClass
{
public:
    MyClass() { m_x =0;}
    void SetVariable(int x)
    {
        m_x =x;
    }
private:
    int m_x;
};
```

且主函数中有如下语句:

```
MyClass *p,my;
p= &my;
```

则对下列语句序列正确的描述是(　　)。

A. 语句“p=&my;”是把对象 my 赋值给指针变量 p

B. 语句“MyClass *p,my;”会调用两次类 MyClass 的构造函数

C. 对语句“*p.SetVariable(5)”的调用是正确的

D. 语句“p->SetVariable(5)”与语句“my.SetVariable(5)”等价

(15) 对于拷贝构造函数,正确的描述是(　　)。

A. 在 C++ 语言中,若不自定义类的拷贝构造函数,则每个类都有默认的拷贝构造函数

B. 必须为每个类定义拷贝构造函数

C. 若要使用拷贝构造函数,则必须在类中先定义

D. 当定义了类的构造函数时,若要使用拷贝构造函数,则必须定义拷贝构造函数

(16) 下列关于析构函数的说法错误的是(　　)。

A. 析构函数有且只有一个

B. 析构函数无任何函数类型

C. 析构函数和构造函数一样可以有参数

D. 析构函数的作用是在对象被撤销时进行清理工作

(17) 静态数据成员初始化在(　　)进行,而且前面不加 static。

A. 类体内　　B. 类体外　　C. 构造函数内　　D. 内联函数内

(18) 一个类的友元函数或友元类能够通过成员操作符访问该类的(　　)。

A. 私有成员　　B. 保护成员　　C. 公有成员　　D. 所有成员

(19) 友元的作用是(　　)。

A. 提高程序的运行效率　　　　B. 加强类的封装性

C. 实现数据的隐藏　　　　D. 增加成员函数的种类

(20) 在下列函数原型中,可以作为类 A 构造函数的是(　　)。

A. void A(int);　　　　B. int A();

C. A(A&);　　　　D. A(int)const;

7.3　课后习题参考答案

一、类设计

1. **类设计思路**:描述一个圆柱体对象需要圆心、半径和高 3 个属性。根据要求,圆柱体对象具有两种创建对象的方法,用 C++ 描述为构造函数。圆柱体具有求体积和表面积的方法,用 C++ 描述为成员函数。表 7-1 是圆柱体类的设计,请读者用 C++ 语言实现该类。

表 7-1　圆柱体类设计

<table>
<tr><td>类名</td><td colspan="2">Cylinder</td></tr>
<tr><td></td><td>含义</td><td>C++ 描述</td></tr>
<tr><td>属性</td><td>圆心
半径
高</td><td>private:
    double m_x, m_y;
    double m_radius;
    double m_height;</td></tr>
<tr><td>方法</td><td>创建对象

通过对象创建新对象
求体积
求表面积</td><td>public:
    Cylinder(double x,double y,double radius,double height);
    Cylinder(Cylinder&);
    double getVolume ();
    double getArea();</td></tr>
</table>

2. **类设计思路**:描述一个分数对象需要分子和分母两个属性。根据要求,分数对象具有通过参数创建对象的方法,用 C++ 描述为构造函数。两个分数进行相加、相减的方法,用 C++ 描述为运算符重载。具有按照 a/b 的形式输出分数的方法,用 C++ 描述为成员函数。表 7-2 是分数类的设计,请读者用 C++ 语言实现该类。

3. **类设计思路**:描述一个时间对象需要小时、分钟和秒 3 个属性。根据要求,时间对象具有通过参数创建对象的方法,用 C++ 描述为构造函数。时间对象还有设置时间的方法,用 C++ 描述为成员函数。对于时间对象检查时间有效性的方法,用 C++ 描述为成员函数,但对外不可见,即需要封装起来。时间对象按照 hh:mm:ss 的格式显示的方法,用 C++ 描述为成员函数。表 7-3 是时间类的设计,请读者用 C++ 语言实现该类。

表 7-2　分数类设计

类名	Fraction	
	含　　义	C++ 描述

属性	分子
	分母
		private:
		    double m_numerator;
		    double m_denominator;

方法	创建对象
	相加
	相减
	显示分数
		public:
		    Fraction(double numerator,double denominator);
		    Fraction operator+(const Fraction&);
		    Fraction operator-(const Fraction&);
		    void display();

表 7-3　时间类设计

类名	Time	
	含　　义	C++ 描述

属性	小时
	分钟
	秒
		private:
		    double m_hour;
		    double m_minute;
		    double m_second;

方法	创建对象
	设置时间
	
	显示时间
	
	时间合法性检查
		public:
		    Time(double hour,double minute,double second);
		    void setTime(double hour,double minute,double second);
		    void display();
		privat:
		    bool checkTime(double hour,double minute,double second);

4. **类设计思路**：描述一个矩形对象需要长和宽两个属性。根据要求，矩形对象具有通过默认值创建对象的方法，用 C++ 描述为无参构造函数。矩形对象设置长和宽、得到对象长和宽、计算矩形面积的方法，用 C++ 描述为成员函数。对长和宽进行合法性检查的方法，用 C++ 描述为成员函数，需要封装起来。表 7-4 是矩形类的设计，请读者用 C++ 语言实现该类。

5. **类设计思路**：描述一个由 0～100 的整数构成的整数集合对象，需要表示出这些整数是否在集合中。用 C++ 语言描述为长度为 101 的数组 flag，数组元素 flag[i]为 1 表示整数 i 在集合中，数组元素 flag[j]为 0 表示整数 j 不在集合中。新对象被初始化为空集的方法，用 C++ 描述为构造函数。整数集合对象增加集合元素和删除集合元素的方法，用 C++ 描述为成员函数。两个集合进行并、交、差和比较两个集合是否相等的方法，用 C++ 描述为运算符重载。输出集合的方法，用 C++ 描述为成员函数。表 7-5 是整数集合类的设计，请读者用 C++ 语言实现该类。

表 7-4　矩形类设计

类名	Rectangle	
	含　　义	C++ 描述

属性	长
	宽
		private:
		    double m_length;
		    double m_width;

方法	创建对象
	设置长宽
	取长度
	取宽度
	求面积
	
	长宽有效性检查
		public:
		    Rectangle();
		    void setLengthAndWidth(double length, double width);
		    double getLength();
		    double getWidth();
		    double getArea();
		privat:
		    bool checkLengthAndWidth (double length,double width);

表 7-5　整数集合类设计

类名	IntegerSet	
	含　　义	C++ 描述
属性	集合	private: int m_flag[101];

方法	创建对象
	添加元素
	删除元素
	集合并
	集合交
	集合差
	判断集合相等
	显示集合
		public:
		    IntegerSet();
		    void addElement(int);
		    void deleteElement(int);
		    IntegerSet operator+(const IntegerSet&);
		    IntegerSet operator*(const IntegerSet&);
		    IntegerSet operator-(const IntegerSet&);
		    bool operator==(const IntegerSet&);
		    void display();

二、提高 C++ 语言程序设计能力练习

1. 填空题

(1) 类、实例、多个

(2) 数据成员、方法成员(或成员函数)

(3) class

(4) 构造函数、自动提供

(5) 对象

(6) 对象名、箭头成员访问运算符"－＞"

(7) 成员函数

(8) public、private

(9) 析构函数、不能

(10) 拷贝构造函数

(11) 友元、成员函数

(12) static、类

(13) 常量成员函数、修改

(14) this、调用该函数的对象

(15) friend、任何成员

(16) 构造函数、成员初始化列表

(17) operator

(18) 构造函数、析构函数

(19) ->

(20) ptr->SetNum(50)

(21) mc.m_size

mc.m_p[i]

(22) 1,3

2,3

(23) 33

(24) 4、记录调用构造函数的次数

(25) 6

2. 判断题

(1) √　(2) ×　(3) √　(4) √　(5) ×

(6) √　(7) ×　(8) √　(9) √　(10) ×

(11) ×　(12) √　(13) ×　(14) √　(15) ×

3. 选择题

(1) A　(2) D　(3) A　(4) D　(5) C

(6) B　(7) A　(8) B　(9) C　(10) C

(11) D　(12) B　(13) D　(14) D　(15) A

(16) C　(17) B　(18) D　(19) A　(20) C

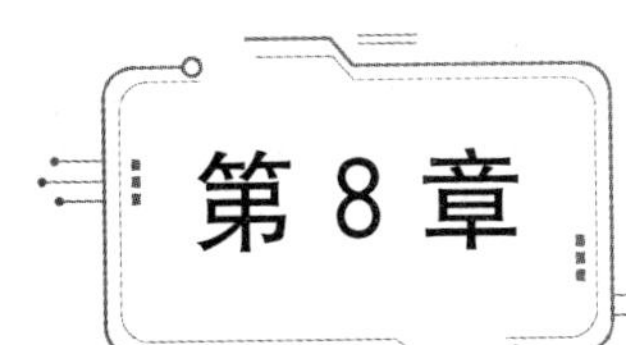

第8章 继承与多态

导 学

【实习目标】

- 掌握继承的基本概念和派生类的定义方法。
- 掌握多态的基本概念和多态的实现方法。

8.1 课 程 实 习

1. 编写程序：定义一个员工类 Employee，包含以下成员：

（1）两个私有成员变量，分别为 char 型指针变量 m_name（姓名）和 m_no（员工号）。

（2）用于初始化成员变量的构造函数 Employee(char * name, char * no)。

（3）用于销毁 m_name 和 m_no 所指内存空间的析构函数～Employee()。

（4）用于输出员工信息的 Display()函数。

以 Employee 类作为基类，派生出领导类 Leader，新增成员：

（1）一个私有成员变量，char 型指针变量 m_posdes（职位描述）。

（2）用于初始化成员变量的构造函数 Leader(char * name, char * no, char * posdes)。

（3）用于销毁 m_posdes 所指内存空间的析构函数～Leader()。

（4）用于输出领导信息的 Display()函数。

例如，执行下面程序，可以在屏幕上输出“张三 1011 软件开发部部门经理”。

```
int main()
{
    Employee * pe =new Leader("张三", "1011", "软件开发部部门经理");
    pe->Display();
    delete pe;
    return 0;
}
```

（1）用C++语言写出程序代码。

（2）上机调试并测试你的程序。

2. 编写程序：定义一个抽象类Shape，其中包含两个纯虚函数GetArea()和GetPerimeter()。以Shape类作为基类创建Circle类和Rectangle类，这两个类对Shape类中的两个纯虚函数进行了重定义。Circle类中的GetArea()和GetPerimeter()函数分别用来计算圆的面积和周长；Rectangle类中的GetArea()和GetPerimeter()函数分别用来计算矩形的面积和周长。例如，执行下面程序，可以在屏幕上输出半径为3的圆的面积和周长，以及宽和高分别为5和8的矩形的面积和周长。

```
int main()
{
    int r=3;                                          //圆的半径
    int w=5, h=8;                                     //矩形的宽和高
    Circle circle(r);
    Rectangle rectangle(w, h);
    cout<<"圆的面积为:"<<circle.GetArea()<<endl
        <<"圆的周长为:"<<circle.GetPerimeter()<<endl
        <<"矩形的面积为:"<<rectangle.GetArea()<<endl
        <<"矩形的周长为:"<<rectangle.GetPerimeter()<<endl;
    return 0;
}
```

（1）用 C++ 语言写出程序代码。

（2）上机调试并测试你的程序。

8.2　课后习题

1. 填空题

（1）下面程序的输出结果为“5,10”，请将程序填写完整。

```
#include <iostream>
using namespace std;
class BaseClass
{
public:
    int GetX() { return m_x; }
    void SetX(int x) { m_x=x; }
private:
    int m_x;
};
class DerivedClass : ________
{
public:
    void DisplayXY() { cout<<________<<','<<m_y<<endl; }
```

```
    void SetY(int y) { m_y=y; }
private:
    int m_y;
};
int main()
{
    DerivedClass d;
    _______;
    d.SetY(10);
    d.DisplayXY();
    return 0;
}
```

(2) 下面程序的输出结果为“5,10”,请将程序填写完整。

```
#include <iostream>
using namespace std;
class BaseClass
{
public:
    BaseClass(int x) { m_x=x; }
protected:
    int m_x;
};
class DerivedClass : public BaseClass
{
public:
    DerivedClass(int x, int y) : _______ { m_y=y; }
    void DisplayXY() { cout<<_______<<","<<m_y<<endl; }
protected:
    int m_y;
};
int main()
{
    DerivedClass d(5, 10);
    d.DisplayXY();
    return 0;
}
```

(3) 下面程序的输出结果为:

```
B() is called!
D2() is called!
D1() is called!
D12() is called!
```

请将程序填写完整。

```
#include<iostream>
using namespace std;
class B
{
public:
    B() { cout<<"B() is called!"<<endl; }
};
class D1 : ________
{
public:
    D1() { cout<<"D1() is called!"<<endl; }
};
class D2 : ________
{
public:
    D2() { cout<<"D2() is called!"<<endl; }
};
class D12 : ________
{
public:
    D12() { cout<<"D12() is called!"<<endl; }
};
int main()
{
    D12 d12;
    return 0;
}
```

(4) 下面程序的输出结果为：

```
Display1() in BaseClass is called!
Display1() in DerivedClass is called!
Display2() in BaseClass is called!
Display2() in BaseClass is called!
```

请将程序填写完整。

```
#include <iostream>
using namespace std;
class BaseClass
{
public:
    ________ { cout<<"Display1() in BaseClass is called!"<<endl; }
    ________ { cout<<"Display2() in BaseClass is called!"<<endl; }
};
class DerivedClass : public BaseClass
{
```

```
public:
    void Display1() { cout<<"Display1() in DerivedClass is called!"<<endl; }
    void Display2() { cout<<"Display2() in DerivedClass is called!"<<endl; }
};
void Fun1(________)
{
    p->Display1();
}
void Fun2(BaseClass &rb)
{
    rb.Display2();
}
int main()
{
    BaseClass b;
    DerivedClass d;
    Fun1(&b);
    Fun1(&d);
    Fun2(b);
    Fun2(d);
    return 0;
}
```

(5) 请将下面的程序补充完整。

```
#include <iostream>
using namespace std;
class BaseClass
{
public:
    ________ {}
};
class DerivedClass : public BaseClass
{
public:
    DerivedClass(int size) { m_size =size; m_p=new int[m_size]; }
    ~DerivedClass() { delete []m_p; }
private:
    int* m_p;
    int m_size;
};
int main()
{
    BaseClass *pb =new DerivedClass(5);
    delete pb;
    return 0;
}
```

（6）下面程序的运行结果是________。

```
#include <iostream>
using namespace std;
class BaseClass
{
public:
    ~BaseClass() { cout<<"~BaseClass() is called!"<<endl; }
};
class DerivedClass : public BaseClass
{
public:
    ~DerivedClass() { cout<<"~DerivedClass() is called!"<<endl; }
};
int main()
{
    DerivedClass d;
    return 0;
}
```

（7）下面程序的运行结果是________。

```
#include <iostream>
using namespace std;
class B
{
public:
    B() { cout<<"B() is called!"<<endl; }
};
class D1 : public B
{
public:
    D1() { cout<<"D1() is called!"<<endl; }
};
class D2 : public B
{
public:
    D2() { cout<<"D2() is called!"<<endl; }
};
class DD : public D2, public D1
{
public:
DD() : D1(), D2() { cout<<"DD() is called!"<<endl; }
};
int main()
{
```

```
    DD dd;
    return 0;
}
```

(8) 下面程序的运行结果是________。

```
#include <iostream>
using namespace std;
class B
{
public:
    ~B() { cout<<"~B() is called!"<<endl; }
};
class D1 : virtual public B
{
public:
    ~D1() { cout<<"~D1() is called!"<<endl; }
};
class D2 : virtual public B
{
public:
    ~D2() { cout<<"~D2() is called!"<<endl; }
};
class DD : public D2, public D1
{
public:
~DD() { cout<<"~DD() is called!"<<endl; }
};
int main()
{
    DD dd;
    return 0;
}
```

(9) 下面程序的运行结果是________。

```
#include <iostream>
using namespace std;
class BaseClass
{
public:
    void Fun1() { cout<<"Fun1() in BaseClass is called!"<<endl; }
    virtual void Fun2() { cout<<"Fun2() in BaseClass is called!"<<endl; }
};
class DerivedClass : public BaseClass
{
public:
```

```
    void Fun1() { cout<<"Fun1() in DerivedClass is called!"<<endl; }
    void Fun2() { cout<<"Fun2() in DerivedClass is called!"<<endl; }
};
int main()
{
    DerivedClass d;
    BaseClass *pb =&d;;
    pb->Fun1();
    pb->Fun2();
    return 0;
}
```

(10) 下面程序的运行结果是________。

```
#include <iostream>
using namespace std;
class B
{
public:
    virtual ~B() { cout<<"~B() is called!"<<endl; }
};
class D : public B
{
public:
    ~D() { cout<<"~D() is called!"<<endl; }
};
int main()
{
    B *pb =new D;
    delete pb;
    return 0;
}
```

2. 判断题

(1) 公有继承中,对于基类中的所有成员,派生类的成员函数都可以直接访问。( )

(2) 一个类可能既是基类又是派生类。 ( )

(3) 已知有以下类定义:

```
class B { … };
class D : private B { … };
```

则语句“D d; B &b=d;”在编译时会报错。 ( )

(4) 当用私有继承方式从基类派生一个类时,基类中的所有成员在派生类中都成为私有成员。 ( )

(5) 基类的构造函数会被继承到派生类中,因此派生类不需要定义构造函数。 ( )

(6) 在私有继承方式下,派生类不能访问基类中的成员。 ( )

(7) 派生类除了继承基类的成员,还可以定义新的成员。 ( )

(8) 一个派生类只能有一个基类。 ( )

(9) 如果基类的构造函数不带参数,则在定义派生类构造函数时可以不显式调用基类的构造函数。 ( )

(10) 派生类对从基类继承的成员变量的初始化一般是通过调用基类的构造函数来完成的。 ( )

(11) 执行派生类构造函数前一定会先调用基类的构造函数。 ( )

(12) 将公有派生类对象赋值给基类引用后,可以使用该基类引用调用派生类对象中新增加的公有成员函数。 ( )

(13) 抽象类中必然包含纯虚函数。 ( )

(14) 可以定义抽象类引用或指针,但不能定义抽象类对象。 ( )

(15) 如果将构造函数声明为虚函数,则创建对象时可以根据对象所属类的不同执行不同类的构造函数。 ( )

(16) 只有使用基类的指针或引用调用虚函数时,系统才会采用动态绑定实现多态性。 ( )

(17) 如果派生类没有对从基类继承的纯虚函数进行重定义,则该派生类是抽象类。 ( )

(18) 在一个类的成员函数 f1()中使用 this 指针调用本类的另一个成员函数 f2(),则无论 f2()是否是虚函数,系统在调用该函数时都会采用静态绑定方式。 ( )

3. 选择题

(1) 下列关于派生类的叙述中,不正确的是( )。

A. 公有派生类对象可以用于初始化基类的引用

B. 一个派生类可以有多个基类

C. 派生类的成员函数中可以直接访问基类的私有成员

D. 派生类的成员函数中可以直接访问基类的保护成员

(2) 下列关于继承方式的叙述中,错误的是( )。

A. 采用公有继承方式,基类中的公有成员在派生类中也是公有成员

B. 采用保护继承方式,基类中的公有成员在派生类中变为保护成员

C. 采用私有继承方式,基类中的保护成员在派生类中变为私有成员

D. 采用私有继承方式,基类中的私有成员在派生类中也是私有成员

(3) 基类的( )成员在保护继承方式下成为派生类中的保护成员,在公有继承方式下成为派生类中的公有成员。

A. 公有　　B. 保护　　C. 私有　　D. 所有

(4) 在公有继承方式下,派生类成员函数中不可以直接访问派生类中从基类继承过来的( )成员。

A. 公有　　B. 保护　　C. 私有　　D. 所有

(5) 下列关于继承的描述中，错误的是(　　)。
A. 派生类继承了基类中除构造函数和析构函数外的所有成员变量和成员函数
B. 基类成员的访问权限到派生类中可能会发生变化
C. 派生类除了继承基类的成员，还可以根据需要添加新的成员
D. 在定义派生类时，如果没有指定继承方式，则默认采用公有继承方式

(6) 在一个公有继承关系中，B类是基类，D类是派生类，则下列语句错误的是(　　)。
A. D d; B *pb=&d;　　B. B b; D *pd=&b;
C. D d; B &rb=d;　　D. D d; B b=d;

(7) 下列关于多重继承的描述中，错误的是(　　)。
A. 所有基类可以使用不同的继承方式
B. 使用虚拟继承是为了解决多重继承中的二义性问题
C. 派生类构造函数对基类构造函数的调用顺序就是基类构造函数的执行顺序
D. 如果直接基类中不存在同名成员，则在派生类中不存在二义性问题

(8) 下列关于虚函数的叙述中，错误的是(　　)。
A. 使用 virtual 可以将一个成员函数声明为虚函数
B. 静态成员函数可以声明为虚函数
C. 在派生类中对基类中的虚函数进行重定义时，无论是否使用了 virtual 关键字，重定义的函数都是虚函数
D. 只有将一个类作为基类使用时，才有必要将其中的一些函数声明为虚函数

8.3　课后习题参考答案

1. 填空题

(1)
```
public BaseClass
GetX()
d.SetX(5)
```

(2)
```
BaseClass(x)
m_x
```

(3)
```
virtual public B
virtual public B
public D2, public D1
```

(4)
```
virtual void Display1()
void Display2()
BaseClass *p
```

(5)
```
virtual ~BaseClass()
```

(6)
```
~DerivedClass() is called!
~BaseClass() is called!
```

(7)
```
B() is called!
D2() is called!
B() is called!
D1() is called!
DD() is called!
```

(8)
```
~DD() is called!
~D1() is called!
~D2() is called!
~B() is called!
```

(9)
```
Fun1() in BaseClass is called!
Fun2() in DerivedClass is called!
```

(10)
```
~D() is called!
~B() is called!
```

2. 判断题

(1) × (2) √ (3) √ (4) × (5) ×
(6) × (7) √ (8) × (9) √ (10) √
(11) √ (12) × (13) √ (14) √ (15) ×
(16) √ (17) √ (18) √

3. 选择题

(1) C (2) D (3) A (4) C (5) D
(6) B (7) C (8) B

输入输出流

导 学

【实习目标】

- 掌握输入输出流的基本概念。
- 掌握标准输入输出流对象的使用方法。
- 掌握文件输入输出流对象的定义方法和使用方法。
- 掌握提取运算符和插入运算符的重载方法。

9.1 课 程 实 习

1. 编写程序：用户从键盘输入若干行字符串，每输入一行就将其写入一个文本文件中，直到用户输入“end”才终止输入。输入完毕后，再从文本文件中按行读取数据并输出到屏幕上。

(1) 用 C++ 语言写出程序代码。

(2) 上机调试并测试你的程序。

2. 编写程序：定义 Student 类保存学生信息(包括学号、姓名和成绩)，重载提取运算符“>>”和插入运算符“<<”实现学生信息的输入输出功能。

(1) 用 C++ 语言写出程序代码。

(2) 上机调试并测试你的程序。

9.2 课后习题

1. 填空题

(1) 下面程序从键盘输入一行字符(可能含有空格、制表符等空白字符)到 str 中，请将程序填写完整。

```
#include <iostream>
using namespace std;
int main()
{
    char str[80];
    cin.getline(_______);
    cout<<str;
    return 0;
}
```

(2) 下面程序重载提取运算符和插入运算符，实现对复数对象的输入输出，请将程序填写完整。

```
#include <iostream>
```

```
using namespace std;
class Complex
{
public:
    ________________;
    ________________;
private:
    double re, im;
};
________________
{
    input>>c.re>>c.im;
    ________________;
}
________________
{
    output<<'('<<c.re<<','<<c.im<<')';
    ________;
}
int main()
{
    Complex c;
    cin>>c;
    cout<<c;
    return 0;
}
```

(3) 下面程序将文本文件的内容读出并显示在屏幕上,请将程序填写完整。

```
#include <iostream>
#include <fstream>
using namespace std;
int main()
{
    char ch;
    fstream infile("file.txt", ________);
    if (!infile.is_open())
    {
        cout<<"文件打开失败!"<<endl;
        return 0;
    }
    while (________)
        cout<<ch;
    ________;
    return 0;
}
```

(4) 下面程序新建文本文件，并将字符串“my book”按字符依次写入文件，请将程序填写完整。

```
#include <iostream>
#include <fstream>
using namespace std;
int main()
{
    char * str="my book";
    int i=0;
    ________;
    outfile.open("file.txt");
    if (!outfile.is_open())
    {
        cout<<"文件打开失败!"<<endl;
        return 0;
    }
    while (str[i]!='\0')
    {
        ________;
        i++;
    }
    outfile.close();
    return 0;
}
```

(5) 下面程序先将3名学生的信息写入二进制文件，再从该文件中读出3名学生信息并输出，请将程序填写完整。

```
#include <iostream>
#include <fstream>
using namespace std;
class Student
{
public:
    void Input()
    {
        cin>>num>>name>>score;
    }
    void Output()
    {
        cout<<num<<" "<<name<<" "<<score<<endl;
    }
private:
    char num[10];
    char name[20];
```

```
    int score;
};
int main()
{
    Student stu[3],s;
    int i;
    fstream outfile("file.dat", ios::binary|ios::out);
    for (i=0; i<3; i++)
    {
        s.Input();
        outfile.write(________);
    }
    outfile.close();
    fstream infile("file.dat", ________);
    infile.read(________);
    for (i=0; i<3; i++)
        stu[i].Output();
    infile.close();
    return 0;
}
```

(6) 将3名学生信息写入二进制文件，然后在文件中读取第 m 名学生的信息(m 由用户从键盘输入)，请将程序填写完整。

```
#include <iostream>
#include <fstream>
using namespace std;
class Student
{
public:
    void Input()
    {
        cin>>num>>name>>score;
    }
    void Output()
    {
        cout<<num<<" "<<name<<" "<<score<<endl;
    }
private:
    char num[10];
    char name[20];
    int score;
};
int main()
{
    Student stu[3], s;
```

```
    int i, m;
    fstream iofile("file.dat",ios::in|ios::out|ios::trunc|ios::binary);
    for (i=0; i<3; i++)
        stu[i].Input();
    iofile.write((char*)stu, sizeof(stu));
    cout<<"请输入待查看信息的学生序号(1~3):";
    cin>>m;
    ____________;
    iofile.read((char*)&s,sizeof(s));
    s.Output();
    iofile.close();
    return 0;
}
```

(7) 下面程序的运行结果是________。

```
#include <iostream>
using namespace std;
int main()
{
    char *str="南开大学";
    cout.write(str, 4)<<endl;
    (cout<<str).put('c')<<endl;
    return 0;
}
```

(8) 下面程序的运行结果是________。

```
#include <iostream>
using namespace std;
int main()
{
    char s[20]="";
    cin.read(s, 3);           //输入"1234567890"
    cout<<s<<endl;
    cout<<cin.gcount()<<endl;
    return 0;
}
```

(9) 下面程序的运行结果是________。

```
#include <iostream>
#include <fstream>
using namespace std;
int main()
{
    fstream outfile1("file1.txt", ios::out);
    fstream outfile2("file2.txt", ios::out);
```

```
    char str1[20]="my", str2[20]="book", ch, str[40];
    outfile1<<str1<<endl;
    outfile2<<str2<<endl;
    outfile1.close ();
    outfile2.close();
    outfile1.open("file1.txt", ios::in|ios::out|ios::app);
    outfile2.open("file2.txt", ios::in);
    while(outfile2>>ch)
        outfile1<<ch;
    outfile2.close();
    outfile1.seekg(0, ios::beg);
    while (outfile1.getline(str, sizeof(str)))
        cout<<str<<endl;
    outfile1.close();
    return 0;
}
```

(10) 下面程序的运行结果是________。

```
#include <iostream>
#include <fstream>
using namespace std;
class Complex
{
public:
    Complex(int i=0, int j=0)
    {
        re=i;
        im=j;
    }
    void Output()
    {
        cout<<'('<<re<<','<<im<<')'<<endl;
    }
private:
    int re, im;
};
int main()
{
    Complex c1(1,2), c2(3,4), c3;
    fstream outfile("file.dat", ios::binary|ios::out);
    outfile.write((char*)&c1, sizeof(c1));
    outfile.write((char*)&c2, sizeof(c2));
    outfile.close();
    fstream infile("file.dat", ios::binary|ios::in);
    infile.read((char*)&c3, sizeof(c3));
```

```
    c3.Output();
    infile.read((char*)&c3, sizeof(c3));
    c3.Output();
    infile.close();
    return 0;
}
```

(11) 下面程序的运行结果是________。

```
#include <iostream>
#include <fstream>
using namespace std;
int main()
{
    int a[3]={3, 5, 20}, i, x;
    fstream iofile("file.dat",ios::in|ios::out|ios::binary|ios::trunc);
    iofile.write((char*)a,sizeof(a));
    for (i=0; i<3; i++)
    {
        iofile.seekg((2-i)*sizeof(int), ios::beg);
        iofile.read((char*)&x, sizeof(int));
        cout<<x<<endl;
    }
    iofile.close ();
    return 0;
}
```

(12) 下面程序的运行结果是________。

```
#include <iostream>
#include <fstream>
using namespace std;
int main()
{
    fstream outfile("file.txt", ios::out);
    char str[]="mybook", ch;
    outfile<<str;
    outfile.close();
    fstream infile("file.txt", ios::in);
    infile>>ch;
    cout<<infile.tellg()<<endl;
    infile.seekg(-3, ios::end);
    cout<<infile.tellg()<<endl;
    infile.close();
    return 0;
}
```

2. 判断题

(1) ios类是一个具体类。　　(　　)

(2) 4个预定义流对象中只有cerr不支持缓冲。　　(　　)

(3) 已知x是自定义类型的变量，则“cin＞＞x;”等价于调用“operator＞＞(cin, x);”。　　(　　)

(4) 已知执行“char str[20]; cin.getline(str, sizeof(str), ',');”时，用户从键盘输入“abc,def”，则“cout＜＜str;”会在屏幕上输出“abc,def”。　　(　　)

(5) cin.read()用于从键盘上输入字符串。　　(　　)

(6) cout.write()用于向屏幕输出字符串，因此要求第一个参数所指向的内存空间中保存的必须是一个字符串。　　(　　)

(7) 插入运算符重载函数一般按引用方式返回ostream类对象以支持连续输出。　　(　　)

(8) 要对一个自定义类进行插入运算符和提取运算符重载，则重载函数既可以定义为类的成员函数，也可以定义为类的非成员函数。　　(　　)

(9) fstream类是对ifstream类和ofstream类进行多重继承得到的派生类。　　(　　)

(10) C++中，打开一个文件就是将该文件与流对象建立关联；关闭一个文件就是将该关联断开。　　(　　)

(11) 当使用fstream类定义一个流对象并打开一个磁盘文件时，文件的隐含打开方式为ios::in|ios::out。　　(　　)

(12) ios::in|ios::binary表示以读方式打开一个二进制文件。　　(　　)

(13) 如果在以写方式打开文件时同时指定了ios::app打开方式，则文件打开后文件指针指向文件尾。　　(　　)

(14) 使用ios::trunc方式打开已有文件时，将清空原有文件中的数据。　　(　　)

(15) C++中的文本文件以ASCII形式存储数据。　　(　　)

3. 选择题

(1) istream是输入输出流库预定义的(　　)。

A. 类　　B. 对象　　C. 常量　　D. 包含文件

(2) 4个预定义流对象中支持缓冲且用于输出错误信息的对象是(　　)。

A. cin　　B. cout　　C. cerr　　D. clog

(3) 下面不是ostream类的对象的选项是(　　)。

A. cin　　B. cout　　C. cerr　　D. clog

(4) 下面4个选项中，用于向屏幕上输出单个字符的是(　　)。

A. cout.read()　　B. cout.get()

C. cout.put()　　D. cout.getline()

(5) 下面选项中，能够从键盘获取一个字符到字符型变量ch中的是(　　)。

A. cin＞＞get(ch);　　B. cin＞＞'ch';

C. cin.get(ch);　　D. cin.put(ch);

(6) 下列关于 read()函数的叙述中,正确的是(　　)。

A. read()函数只能用于从键盘读取指定个数的字符

B. read()函数所获取的字符多少是不受限制的

C. read()函数只能用于从文本文件读取指定个数的字符

D. read()函数只能按照参数值读取指定个数的字符

(7) C++ 程序进行标准输入输出操作时,需要包含头文件(　　)。

A. iostream　　B. fstream　　C. cmath　　D. cstdlib

(8) 定义 ifstream 的流对象并打开文件时,默认的打开方式为(　　)。

A. ios::in　　B. ios::out

C. ios::in|ios::out　　D. 没有默认方式,必须指定

(9) 下列语句中不能创建 file.txt 文件的是(　　)。

A. ofstream outfile("file.txt");

B. fstream outfile; outfile.open("file.txt", ios::out);

C. fstream outfile; outfile.open("file.txt", ios::in|ios::out);

D. fstream iofile; iofile.open("file.txt", ios::in|ios::out|ios::trunc);

(10) 打开文件的方式中,(　　)以输出方式打开文件。

A. in　　B. out　　C. app　　D. ate

(11) 下列函数中,可用于向文本文件中进行写操作的是(　　)。

A. get()　　B. put()　　C. read()　　D. open()

(12) 已知 outfile 是一个输出流对象,要想将 outfile 的文件指针定位到当前位置之前的 10 个字节处,正确的函数调用语句是(　　)。

A. outfile.seekp(10, ios::cur);　　B. outfile.seekp(-10, ios::cur);

C. outfile.seekg(10, ios::cur);　　D. outfile.seekg(-10, ios::cur);

9.3 课后习题参考答案

1. 填空题

(1) str, sizeof(str)

(2)
```
friend istream& operator>>(istream&, Complex&)
friend ostream& operator<<(ostream&, Complex&)
istream& operator>>(istream& input, Complex& c)
return input
ostream& operator<<(ostream& output, Complex& c)
return output
```

(3)
```
ios::in
infile.get(ch)
infile.close()
```

(4) `ofstream outfile`
`outfile.put(str[i])`

(5) `(char*)&s, sizeof(s)`
`ios::binary|ios::in`
`(char*)stu, sizeof(stu)`

(6) `iofile.seekg((m-1)*sizeof(Student), ios::beg)`

(7) 南开
南开大学 c

(8) 123
3

(9) my
book

(10) (1,2)
(3,4)

(11) 20
5
3

(12) 1
3

2. 判断题

(1) ×　(2) √　(3) √　(4) ×　(5) ×
(6) ×　(7) √　(8) ×　(9) ×　(10) √
(11) √　(12) √　(13) √　(14) √　(15) √

3. 选择题

(1) A　(2) D　(3) A　(4) C　(5) C
(6) D　(7) A　(8) A　(9) C　(10) B
(11) B　(12) B

第10章 模　板

导 学

【实习目标】

- 理解模板是实现代码复用的一种重要方式，理解模板就是参数化的函数或类，即模板是将数据类型作为参数，根据数据类型参数产生函数和类的机制。
- 掌握定义函数模板的方法和函数模板的使用。
- 掌握定义类模板的方法和类模板的使用。

10.1 课 程 实 习

1. 定义一个函数模板，实现对 n 个数升序排序。

(1) 设计函数模板。

```
//FunctionTemplate.h
#ifndef FUNCTIONTEMPLATE
#define FUNCTIONTEMPLATE
template <typename Type>void Sort(Type a[], int n)
{















}
#endif
```

（2）上机调试并测试你的函数模板。

2. 设计一个圆柱体类，该类有圆心、半径和高 3 个属性，能通过参数初始化对象或者通过一个已知对象初始化一个对象，以及有求圆柱体体积和表面积的功能。

（1）设计类模板。

```
//ClassTemplate.h
#ifndef ClassTEMPLATE
#define ClassTEMPLATE
template <typename Type>
class Cylinder
{









};
//定义构造函数





//定义拷贝构造函数





//求体积





//求表面积






#endif
```

（2）上机调试并测试你的类模板。

10.2 课后习题

一、模板设计

1. 设计一个函数模板，其功能是返回数组元素的平均值。

2. 设计通用栈类。

栈是一种插入和删除操作都只能在表的同一端进行的线性表。允许进行插入和删除操作的一端称为栈顶(Top)，又称表尾；另一端称为栈底(Bottom)，又称表头。当栈中没有元素时称为空栈。

向栈中插入元素的操作称为进栈或入栈(push)，从栈中删除元素的操作称为退栈或出栈(pop)。

设栈 $S=(e_1,e_2,\cdots,e_n)$，则 e_1 称为栈底元素，e_n 为栈顶元素，图 10-1 是栈的示意图。

栈中元素是以 $e_1,e_2,\cdots,e_n$ 的顺序进栈，而出栈的顺序却是 $e_n,\cdots,e_2,e_1$。也就是说，栈是按照"先进后出"(First In Last Out，FILO)或"后进先出"(Last In First Out，LIFO)的原则组织数据的。所以，栈也称为后进先出、先进后出线性表或下推表。

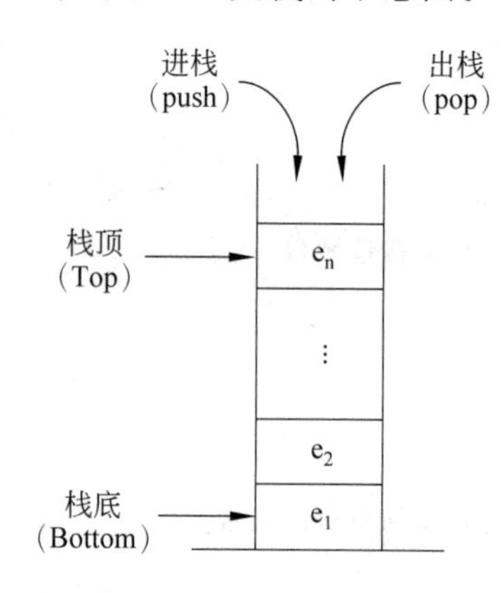

图 10-1　栈的示意图

栈一般需要进行以下基本操作：

（1）创建一个空栈。

（2）删除一个栈。

（3）判断栈是否为空。

（4）判断栈是否为满。

（5）栈顶插入一个元素。

（6）求栈顶元素的值。

（7）删除栈顶的一个元素。

（8）输出栈。

二、提高 C++ 语言程序设计能力练习

1. 填空题

（1）C++ 最重要的特性之一就是代码重用，为了实现代码重用，代码必须具有________。通用代码需要不受数据________的影响，并且可以自动适应数据类型的变化。这种程序设计类型称为________程序设计。模板是 C++ 支持参数化程序设计的工具，通过它可以实现参数化________性。

（2）函数模板的定义形式是：

```
template <模板参数表>返回类型 函数名(形式参数表){…}
```

其中,<模板参数表>中参数可以有________个,用逗号分开。模板参数主要是________参数。它代表一种类型,由关键字________或________后加一个标识符构成,标识符代表一个潜在的内置或用户定义的类型参数。类型参数可以是任意合法标识符。C++ 规定参数名必须在函数定义中至少出现一次。

(3) 编译器通过如下匹配规则确定调用哪一个函数:首先,寻找最符合________和________的一般函数,若找到,则调用该函数;否则,寻找一个________,将其实例化成一个________,看是否匹配,如果匹配就调用该________。

(4) 类模板使用户可以为类声明一种模式,使得类中的某些数据成员、某些成员函数的参数、某些成员函数的返回值能取________(包括系统预定类型和用户自定义的类型)。类是对一组对象的公共性质的抽象,而类模板则是对不同________的类的抽象,因此类模板是属于更高层次的抽象。由于类模板需要一种或多种________参数,所以类模板也常常称为________。

(5) 已知"int fun(int a) {return a * a;}"和"float fun(float a) {return a * a;}"是一个函数模板的两个实例,则该函数模板的定义为________。

(6) 使用函数模板的方法是先定义函数模板,然后实例化成相应的________进行调用执行。

(7) 下面函数模板的功能是________。

```
template <typename T>
void f(T a[], T b[], int n)
{
    for(int i=0; i<n; i++)
        b[n-i-1]=a[i];
}
```

(8) 下面程序的运行结果为________。

```
#include <iostream>
using namespace std;
template <typename T1,typename T2>void F(T1 a, T2 b,int n)
{
    for(int i=0;i<n;i++)
        cout<<a<<" ";
    cout<<endl;
    for(int i=0;i<n;i++)
        cout<<b<<" ";
    cout<<endl;
}
int main()
{
    int x=3;
    char y='k';
```

```
    F(x,y,5);
    F(3.3,'$',3);
    return 0;
}
```

(9) 下面程序的运行结果为________。

```
#include <iostream>
using namespace std;
#include<cmath>
template <typename T>double Average(T x,T y)
{
    return (x+y)/2.0;
}
double Average(double x,double y)
{
    return (x+y)/2;
}
int main()
{
    int x1=2,y1=3;
    float x2=3.3,y2=4.4;
    double x3=5.5,y3=6.6;
    cout<<Average(x1,y1)<<endl;
    cout<<Average(x2,y2)<<endl;
    cout<<Average(x3,y3)<<endl;
    return 0;
}
```

(10) 类模板的使用实际上是将类模板实例化成为一个具体的________。

(11) 下面程序的输出结果是________。

```
#include <iostream>
using namespace std;
template <typename T>
class add
{
public:
    add( T a, T b)
    {
        x=a;
        y=b;
    }
    T add1( )
    {
        return x+y;
    }
```

```
private:
    T x, y;

};
int main()
{
    add <int>A(65, 120);
    add <double>B(13.6, 22.9);
    cout<<"s1="<<A.add1( )<<endl;
    cout<<"s2="<<B.add1( )<<endl;
    return 0;
}
```

(12) 下面程序的输出结果是________。

```
#include <iostream>
using namespace std;
template <typename Type>
class ff
{
public:
    ff(Type b1, Type b2, Type b3)
     { a1=b1; a2=b2; a3=b3; }
    Type sum() { return a1+a2+a3; }
private:
    Type  a1, a2, a3;
};
int main()
{
    ff <int>x(12,13,14), y(16,17,18);
    cout<<x.sum( )<<"  "<<y.sum( )<<endl;
    return 0;
}
```

2. 判断题

(1) 函数模板可以用来描述一个与数据类型无关的函数(算法),避免重载函数时函数体的重复设计。　(　　)

(2) 在定义模板时,多个模板参数需要用分号“;”分隔。　(　　)

(3) 模板参数由关键字 typename 及其后面的标识符构成。该标识符对应的实参可以是系统的基本数据类型,但不可以是用户自定义的数据类型。　(　　)

(4) 定义好模板后,编译器不会为其生成执行代码。　(　　)

(5) 实例化的函数模板称为模板函数,一个函数模板可以实例化多个模板函数。　(　　)

(6) 函数模板的实例化是在函数调用时由编译器来完成的。　(　　)

(7) 模板的特点在于其参数不仅是传统函数中数值形式的参数,还可以是一种类型。 ( )

(8) 泛化编程是对抽象的算法的编程,所谓泛化是指可以广泛地适用于不同的数据类型。模板是泛化编程的主要方法之一。 ( )

(9) 函数模板和函数重载的功能是一样的。 ( )

(10) 类模板描述了一族类的属性和行为,是一族类的统一描述,它可以避免类的重复定义。 ( )

(11) class 是定义类模板的关键字。 ( )

(12) 类模板的成员函数只能在类模板的外部定义。 ( )

(13) 类模板实例化后称为模板类,模板类具有和普通类相同的行为。 ( )

(14) 类模板成员函数本身也是一个模板,类模板被实例化时它并不自动被实例化,只有当它被调用时才被实例化。 ( )

(15) 目前大部分编译系统都支持将类模板的声明和类模板成员函数的定义放在不同文件中。 ( )

3. 选择题

(1) ( )使一个函数可以定义成对不同的数据类型完成相同的操作。

A. 重载函数　　B. 模板函数　　C. 函数模板　　D. 递归函数

(2) 关于函数模板,描述错误的是( )。

A. 函数模板必须由程序员实例化为可执行的模板函数

B. 函数模板的实例化由编译器实现

C. 一个类定义中,只要有一个函数模板,则这个类是类模板

D. 类模板的成员函数都是函数模板,但类模板实例化后,成员函数不会随之实例化

(3) 有关函数模板和模板函数说法错误的是( )。

A. 函数模板只是对函数的描述,编译器不为其产生任何执行代码,所以它不是一个实实在在的函数

B. 模板函数是实实在在的函数,它由编译系统在遇到具体函数调用时所生成,并调用执行

C. 函数模板需要实例化为模板函数后才能执行

D. 当函数模板和一般函数同名时,系统先去匹配函数模板,将其实例化后进行调用

(4) 下列模板说明中,正确的是( )。

A. template<typename T1,T2>

B. template<typename T1,typename T2>

C. template<T1,T2>

D. template<class T1,T2>

(5) 函数模板定义如下:

```
template <typename T>
```

```
void Max( T a, T b ,T &c)
{
    c=a+b;
}
```

下列选项正确的是(　　)。

A. `int x, y; char z; Max(x, y, z);`

B. `double x, y, z; Max( x, y, z);`

C. `int x, y; float z; Max( x, y, z);`

D. `float x; double y, z; Max( x,y, z);`

(6) 类模板的模板参数(　　)。

A. 只可作为数据成员的类型　　B. 只可作为成员的返回类型

C. 只可作为成员函数的参数类型　　D. 以上 3 项均可以

(7) 下列有关模板的描述错误的是(　　)。

A. 类模板与模板类是同一个概念

B. 使用时,模板参数与函数参数相同,是按位置而不是按名称对应的

C. 模板参数表中可以有类型参数和非类型参数

D. 模板把数据类型作为一个设计参数,称为参数化程序设计

(8) 类模板的使用实际上是将类模板实例化成一个(　　)。

A. 函数　　B. 对象　　C. 类　　D. 抽象类

(9) 类模板的实例化(　　)。

A. 在编译时进行　　B. 属于动态联编

C. 在运行时进行　　D. 在连接时进行

(10) 以下类模板定义正确的是(　　)。

A. template<class T,int i=0>　　B. template<class T,class int i>

C. template<class T,typename T>　　D. template<class T1,T2>

10.3　课后习题参考答案

一、模板设计

1. 参考代码如下:

```
template <typename Type>double average(Type a[], int n)
{
    double sum;
    for(int i=0;i<n;i++)
        sum=sum+a[i]
    return sum/n;
}
```

2.

```
template<typename T>
class LinearStack
{
public:
    LinearStack(int LSMaxSize);         //构造函数,创建空栈
    ~LinearStack();                     //析构函数,删除栈
    bool IsEmpty();                     //判断栈是否为空,空则返回 true,非空则返回 false
    bool IsFull();                      //判断栈是否为满,满则返回 true,不满则返回 false
    int  GetElementNumber();            //求栈中元素的个数
    bool Push(const T& x);
          //在栈顶插入元素 x,插入成功则返回 true,不成功则返回 false
    bool Top(T& x);
          //将栈顶元素的值放入 x 中,成功则返回 true,失败则返回 false
    bool Pop(T& x);                     //从栈顶删除一个元素,并将该元素的值放入 x 中
    void OutPut(ostream& out)const;     //将顺序栈放到输出流 out 中输出
private:
    int top;                            //用来表示栈顶
    int MaxSize;                        //栈中最大元素个数
    T *element;                         //一维动态数组
};
//实现构造函数
template<typename T>
LinearStack<T>::LinearStack(int LSMaxSize)
{
    MaxSize=LSMaxSize;
    element=new T[LSMaxSize];
    top=-1;
}
//实现析构函数
template<typename T>
LinearStack<T>::~LinearStack()
{
    delete []element;
}
//实现判断栈是否为空
template<typename T>
bool LinearStack<T>::IsEmpty()
{
    return top==-1;
}
//实现判断栈是否为满
template<typename T>
bool LinearStack<T>::IsFull()
{
    return top==MaxSize;
}
//实现进栈
template<typename T>
```

```
bool LinearStack<T>::Push(const T& x)
{
    if (IsFull())
        return false;
    else
    {
        top++;
        element[top]=x;
        return true;
    }
}
//实现求栈顶元素
template<typename T>
bool LinearStack<T>::Top(T& x)
{
    if (IsEmpty())
        return false;
    else
    {
        x=element[top];
        return true;
    }
}
//实现出栈
template<typename T>
bool LinearStack<T>::Pop(T& x)
{
    if (IsEmpty())
        return false;
    else
    {
        x=element[top];
        top--;
        return true;
    }
}
//实现顺序栈的输出
template<typename T>
void LinearStack<T>:: OutPut(ostream& out) const
{
    for(int i=0;i<=top;i++)
        out<<element[i]<<endl;
}
//重载插入运算符<<
template<typename T>
ostream& operator<<(ostream& out,const LinearStack<T>& x)
{
    x.OutPut(out);
    return out;
}
```

二、提高C++语言程序设计能力练习

1. 填空题

(1) 通用性、类型、参数化、多态

(2) 多、模板类型、typename、class

(3) 函数名、参数类型、函数模板、模板函数、模板函数

(4) 任意类型、数据类型、类型、参数化类

(5) template<class T> T fun(T a){return a * a;}

(6) 模板函数

(7) 将第一个数组中的元素逆序存入第二个数组中

(8) 3 3 3 3 3
k k k k k
3.3 3.3 3.3
 $ $ $

(9) 2.5
3.85
6.05

(10) 模板类

(11) s1=185
s2=36.5

(12) 39 51

2. 判断题

(1) √	(2) ×	(3) ×	(4) √	(5) √
(6) √	(7) √	(8) √	(9) ×	(10) √
(11) √	(12) ×	(13) √	(14) √	(15) ×

3. 选择题

(1) C	(2) A	(3) D	(4) B	(5) B
(6) D	(7) A	(8) C	(9) A	(10) A

第 11 章　数据结构的基本概念

导 学

【实习目标】

- 掌握数据结构的基本术语。
- 掌握数据结构的基本概念，包括逻辑结构、存储结构和数据操作。
- 掌握抽象数据类型及其定义方法。
- 复习 C++ 程序设计语言。应注意 C++ 中的函数、参数传递方式、递归函数、数组、指针与引用、动态分配及释放内存、类与模板类、运算符重载等内容，达到熟练地使用 C++ 语言进行编程的目的。

11.1 课 程 实 习

1. 编写 3 个函数，参数的类型分别为值、引用和指针，功能是实现两个变量的交换。测试函数的正确性，并对 3 个函数的运行结果进行分析。

(1) 用 C++ 语言写出程序代码。

（2）上机调试并测试你的程序。

2. 编写求 n! 的递归函数，并测试函数的正确性。

（1）用 C++ 语言写出程序代码。

（2）上机调试并测试你的程序。

3. 编写一个函数模板，用来测试数组中的元素是否按升序排序，若是则函数返回 true，若不是则函数返回 false。测试函数的正确性。

（1）用 C++ 语言写出程序代码。

（2）上机调试并测试你的程序。

4．设计一个日期类 Date，包括年、月、日等私有数据成员。要求实现日期的基本运算，例如，一日期加上天数、一日期减去天数、两日期相差的天数等。在 Date 类中设计以下运算符重载函数：

① Date operator+(int days) 返回一日期加上天数得到的日期。

② Date operator-(int days) 返回一日期减去天数得到的日期。

③ int operator-(Date &b) 返回两日期相差的天数。

（1）用 C++ 语言写出程序代码。

（2）上机调试并测试你的程序。

5．定义一个动态数组类模板，包括表示数组元素个数和数组元素首地址的两个数据成员，一个带参数的构造函数和一个无参的构造函数（默认元素个数为 10），一个用于输出数组元素的成员函数，同时要求重载<<运算符，实现使用 cout 对象输出动态数组。

（1）用C++语言写出程序代码。

（2）上机调试并测试你的程序。

11.2 课后习题

1. 填空题

（1）数据结构中的________是指所有能输入计算机中并被计算机识别、存储和加工处理的符号，是计算机处理的信息的符号化表示形式。

（2）________是数据的基本单位，也是数据结构中讨论的基本单位，简称________。

（3）________是数据的不可分割的最小单位，又称________。

（4）________指具有相同性质的数据元素的集合，是数据的一个子集。

(5) 数据结构就是以数据为成员的结构，是________的数据元素的集合，数据元素之间存在着一种或多种特定的关系。

(6) 数据结构中的________称为结点。

(7) ________是指对数据元素进行处理的方式，包括对数据的________、删除、查找、更新、排序等基本操作，也包括对数据元素进行分析的操作。

(8) 数据的________是指在数据集合中各种数据元素之间固有的逻辑关系。

(9) 数据的逻辑结构包含两个方面的信息：①数据元素的信息；②________。

(10) 线性结构的特征是数据元素之间存在着________的线性关系。

(11) 线性结构有且仅有一个没有前驱的结点，通常将该结点称为________。

(12) 线性结构中，除了根结点和最后一个结点之外，其他每个结点都有一个________和一个________。

(13) 树状结构指的是数据元素之间存在着________关系的数据结构。

(14) 在树状结构中，除树根结点外，其余每个结点________前驱结点。

(15) 在树状结构中，没有后继结点的结点是________。

(16) 在________中，数据元素间的关系是任意的，任意两个数据元素间均可相关联，即一个结点可以有一个或多个前驱结点，也可以有一个或多个后继结点。

(17) 在________中，结点之间不存在前驱和后继的关系。

(18) 常见的存储结构包括________存储结构、________存储结构、索引存储结构和散列存储结构。

(19) 在顺序存储结构中，数据元素之间的逻辑关系由存储单元的________关系来体现。

(20) 在链式存储结构中，结点间的逻辑关系由附加的________来表示。

(21) 对抽象数据类型的描述一般用(D，R，P)三元组表示。其中，D 是数据对象，R 是________，P 是基本操作。

(22) ________是对问题求解方案的准确而完整的描述，代表着用系统的方法描述解决问题的策略机制。

(23) 对于一个问题，如果可以通过一个计算机程序，在有限的存储空间内，运行有限长的时间而得到正确的结果，则称这个问题是________的。

(24) 一般采用空间复杂度和________来衡量一个算法的优劣。

2．判断题

(1) 数据结构中的数据元素是数据不可分割的最小单位。（　　）

(2) 数据结构中的数据项是数据不可分割的最小单位。（　　）

(3) 数据的逻辑结构是指对数据进行存储时，各数据元素在计算机中的存储关系。（　　）

(4) 数据的逻辑结构是指数据中各数据元素之间固有的逻辑关系。（　　）

(5) 线性结构的数据在进行元素插入、删除等操作后可能会变成非线性结构。（　　）

(6) 图说的是数据的逻辑结构。（　　）

(7) 顺序存储结构说的是数据的逻辑结构。（　　）

(8) 二叉树指的是数据的逻辑结构。 ( )

(9) 线性结构只能用顺序存储结构表示。 ( )

(10) 非线性结构既可以用顺序存储结构存储,也可以用非顺序存储结构存储。( )

3. 选择题

(1) 在数据结构中,从逻辑上可以把数据结构分成( )。

A. 动态结构和静态结构　B. 紧凑结构和非紧凑结构

C. 线性结构和非线性结构　D. 内部结构和外部结构

(2) 下列不属于常用的存储结构的是( )。

A. 顺序存储结构　B. 链式存储结构

C. 非线性存储结构　D. 索引存储结构

(3) 在数据结构中,与所使用的计算机无关的是数据的( )结构。

A. 逻辑　B. 存储　C. 逻辑和存储　D. 物理

(4) 数据结构在计算机存储空间中的存放形式称为( )。

A. 数据元素之间的关系　B. 数据结构

C. 数据的存储结构　D. 数据的逻辑结构

(5) 链式存储结构中数据元素之间的逻辑关系是由( )表示的。

A. 非线性结构　B. 指针　C. 存储位置　D. 线性结构

(6) 顺序存储结构中数据元素之间的逻辑关系是由( )表示的。

A. 线性结构　B. 非线性结构

C. 指针　D. 存储位置

(7) 在存储数据时,通常不仅要存储各数据元素的值,而且还要存储( )。

A. 数据的处理方法　B. 数据元素的类型

C. 数据元素之间的关系　D. 数据的存储方法

(8) 以下关于数据的存储结构的叙述中正确的是( )。

A. 数据的存储结构是数据间关系的抽象描述

B. 数据的存储结构是逻辑结构在计算机存储器中的实现

C. 数据的存储结构分为线性结构和非线性结构

D. 数据的存储结构对数据运算的具体实现没有影响

(9)【多选】下面的数据结构中( )属于非线性结构。

A. 线性表　B. 树　C. 图　D. 集合

(10)【多选】下面( )属于数据的存储结构。

A. 线性结构　B. 链式结构　C. 顺序结构　D. 索引结构

11.3 课后习题参考答案

1. 填空题

(1) 数据　(2) 数据元素、元素　(3) 数据项、数据域

(4) 数据对象　　(5) 带结构　　(6) 数据元素
(7) 数据处理、插入　　(8) 逻辑结构　　(9) 各数据元素之间的关系
(10) 一对一　　(11) 根结点　　(12) 前驱、后继
(13) 一对多　　(14) 有且只有一个　　(15) 叶子结点
(16) 网状结构　　(17) 集合结构　　(18) 顺序、链式
(19) 位置　　(20) 指针域　　(21) 数据关系
(22) 算法　　(23) 算法可解　　(24) 时间复杂度

2. 判断题

(1) ×　(2) √　(3) ×　(4) √　(5) ×
(6) √　(7) ×　(8) √　(9) ×　(10) √

3. 选择题

(1) C　(2) C　(3) A　(4) C　(5) B
(6) D　(7) C　(8) B　(9) BCD　(10) BCD

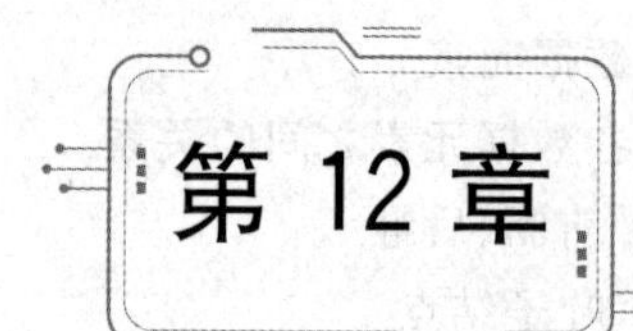

第12章　线　性　表

导　学

【实习目标】

- 熟悉并掌握线性表的顺序存储结构定义及特点。
- 熟悉并掌握顺序表的描述方法和基本操作。
- 能够使用顺序表解决实际应用问题。
- 熟悉并掌握线性表的链式存储结构定义及特点。
- 熟悉并掌握单向链表的描述方法和基本操作。
- 比较顺序表和单向链表的不同之处。
- 能够使用链表解决实际应用问题。

12.1　课　程　实　习

一、顺序表的操作

1. 对于最多由100名学生的姓名和成绩信息(如王洪,90)构成的线性表,采用顺序存储结构完成下面的问题。

① 统计成绩大于等于95分的人数,并输出这些学生的姓名。

② 删除成绩小于20分的信息。

③ 以60分为分界线,将表中所有小于60分的元素放在表的前半部分,大于和等于60分的元素放在表的后半部分。

(1) 用C++语言写出程序代码。

（2）上机调试并测试你的程序。

【实习指导】

直接复用主教材中关于线性表的代码建立顺序表。对于学生信息，定义包含姓名和成绩信息的线性表结点类(参考主教材例 12-2 的 Node.h)，分别设计 3 个函数，求解问题①～③。问题③的参考算法：从顺序表的两端查找，前端找大于和等于 60 分的元素位置，后端找小于 60 分的元素位置，然后将两位置的元素交换。

2. 有两个顺序表 S1 和 S2，假设它们的元素值从左到右递增排列，且没有重复值。设计一个 Merge 函数，该函数的功能是将这两个表合并成一个元素值仍由小到大排列的顺序表 S。

(1) 用 C++ 语言写出程序代码。

(2) 上机调试并测试你的程序。

【实习指导】

Merge 函数参考算法：对于两个存放整数的有序顺序表 S1 和 S2，以及将存放合并结果的线性表 L，用整数 p 始终指向 L 表的待插入结点的位置(合并前为 1)，用两个扫描位置标记 p1 和 p2 分别指向 S1 和 S2 的第一个元素结点(初始值都为 1)，然后，比较 p1 和 p2 指向的结点值域的大小，将较小者插入到合并表的表尾，并将相应的位置标记指向下一个元素。循环上述过程，当两个顺序表中有一个表扫描完后循环终止，将另一个顺序表余下的结点全部插入到合并表的表尾即可。

3. 用顺序表解决选旅长的问题。有 10 个驴友需要选出一个负责人——旅长。大家制定了选旅长的规则：所有人围成一圈，从 1～10 为每个人进行编号，并设定一个数字 N。然后，从编号为 1 的驴友开始按照编号顺序循环报数，数到 N 的驴友出圈，重复此过程，最后剩下的那个驴友就是旅长。

(1) 用 C++ 语言写出程序代码。

(2) 上机调试并测试你的程序。

【实习指导】

此问题就是约瑟夫问题,每次数到 N 的人出圈,此时 N 是由用户输入的一个固定值。

二、线性链表的操作

1. 有两个带表头结点的存放整数的单向链表 Link1 和 Link2,假设它们的元素值从左到右递增排列,且没有重复值。设计一个 Merge 函数,该函数的功能是将这两个单向链表合并成一个元素值仍由小到大排列的单向链表 Link。

(1) 用 C++ 语言写出程序代码。

（2）上机调试并测试你的程序。

【实习指导】

Merge 函数参考算法：与顺序表思想相同。

2. 设计算法并测试。将单向链表中关键字的值重复的结点删除，使得链表中各结点的值均不相同。

（1）用 C++ 语言写出程序代码。

(2) 上机调试并测试你的程序。

【实习指导】

参考算法:第i个元素与它后面的所有元素进行比较(i从1开始到当前表的长度－1为止),有相同的则删除它们。

3. 对于最多由100名学生的姓名和成绩信息(如王洪,90)构成的线性表建立双向链表,并完成下面的问题。

① 统计成绩大于等于95分的人数,并输出这些学生的姓名。

② 删除成绩小于20分的信息。

③ 以60分为分界线,将表中所有小于60分的信息放在表的前半部分,大于和等于60分的元素放在表的后半部分。

(1) 用C++语言写出程序代码。

（2）上机调试并测试你的程序。

【实习指导】

直接复用主教材中关于双向链表的代码建立双向链表。对于学生信息，定义包含姓名和成绩信息的线性表结点类（参考主教材例 12-2 的 Node.h），根据书中的描述 12-5，实现双向链表并将其存储在 DoubleLinkList.h 文件中，然后分别设计 3 个函数，求解问题①～③。问题③的参考算法：基于双向链表，在表的两端查找，前端找大于和等于 60 分的元素位置，后端找小于 60 分的元素位置，然后将两位置的元素交换。

12.2　课后习题

1. 填空题

（1）线性表中数据元素的个数 n 称为线性表的________。当 n=0 时，称为________。

（2）线性表可以表示为(e_1,e_2,…,e_i,…,e_n)，其中 e_1 称为线性表的________，e_n 称为线性表的________。

（3）采用________存储结构的线性表简称顺序表。

（4）假设线性表中的第一个数据元素的存储地址（指第一个字节的地址，即首地址）为 LOC(e_1)，每一个数据元素占 k 个字节，则线性表中第 i 个元素 e_i 在计算机存储空间中的存储地址为________。

（5）线性表的________存储结构是用一组任意的存储单元存储线性表中的数据元素，称为线性链表。

（6）线性链表包括单向链表、循环链表和________。

（7）线性链表中，每个结点分为两部分：一部分用于存放数据元素的值，称为________；另一部分是指针，用于指向与该结点在逻辑上相连的其他结点，称为________。

（8）一个线性链表，每一个结点的指针都指向它的下一个逻辑结点，线性链表的最后一个结点的指针为空（用 NULL 或 0 表示），表示链表终止，这样的线性链表称为________。

（9）一个线性链表，每一个结点有两个指针域，一个指向它的前驱，另一个指向它的后继，这样的线性链表称为________。

（10）一个线性链表，每一个结点的指针都指向它的下一个逻辑结点，线性链表的最后一个结点的指针指向头结点，这样的线性链表称为________。

（11）如果将双向链表第一个结点指向________的指针指向最后一个结点，将最后一个结点指向________的指针指向第一个结点，就构成了双向循环链表。

（12）已知顺序表类模板的 C++ 描述如下，主函数 main()执行后在屏幕上的输出结果为________。

```
template <class T>
class LinearList
```

```
{
public:
    LinearList(int LLMaxSize);              //构造函数,创建空表
    ~LinearList();                          //析构函数,删除表
    LinearList<T>& Insert(int k,const T& x);
    //在第 k 个位置插入元素 x,返回插入后的线性表
    bool IsEmpty() const;
    //判断表是否为空,表空则返回 true,表非空则返回 false
    int GetLength() const;                  //返回表中数据元素的个数
    bool GetData(int k,T& x);
    //将表中第 k 个元素保存到 x 中,不存在则返回 false
    bool ModifyData(int k,const T& x);
    //将表中第 k 个元素修改为 x,不存在则返回 false
    int Find(const T& x);                   //返回 x 在表中的位置,如果 x 不在表中则返回 0
    LinearList<T>& DeleteByIndex(const int k, T& x);
    //删除表中第 k 个元素,并把它保存到 x 中,返回删除后的线性表
    LinearList<T>& DeleteByKey(const T& x,T& y);
    //删除表中关键字为 x 元素,返回删除后的线性表
    void OutPut(ostream& out) const;
    //将线性表放到输出流 out 中输出
private:
    int length;                             //当前数组元素个数
    int MaxSize;                            //线性表中最大元素个数
    T *element;                             //一维动态数组
};
int main()
{
    LinearList<int>IntegerLList(10);
    int x;
    IntegerLList.Insert(1,50);
    IntegerLList.Insert(1,100);
    IntegerLList.Insert(1,150);
    IntegerLList.Insert(1,250);
    cout<<IntegerLList.GetLength()<<endl;
    IntegerLList.GetData(3,x);
    cout<<x<<endl;
    return 0;
}
```

(13) 已知单向链表结点类模板和单向链表类模板的 C++ 描述如下,请将 DeleteByIndex 成员函数的定义补充完整。

```
template <class T>
class LinkNode                              //结点类
{
public:
```

```
    ⋮                                   //结点类的成员函数,此处代码省略
private:
    T data;                             //数据域
    LinkNode<T> * next;                 //指向下一个结点的指针
};

template <class T>
{
public:
    ⋮                                   //单向链表类的成员函数,此处代码省略
private:
    LinkNode<T> * head;                 //指向链表的第一个结点的指针
};
//将第 k 个结点删除
template <class T>
LinkList<T>& LinkList<T>::DeleteByIndex(int k, T& x)
{
    LinkNode<T> * p =head;              //p 指向第一个结点
    LinkNode<T> * q;
    for (int i=1; i<=k && ________; i++)
    {
        q =p;
        p =p->next;
    }
    if (________)
        cout<<""元素下标越界,删除元素失败""<<endl;
    else
    {
        ⋮                               //将 p 所指结点从链表中删除,此处代码省略
    }
    return * this;
}
```

2. 判断题

(1) 线性表是线性结构。 (　　)

(2) 线性表中的一个结点可以有多个前驱结点和多个后继结点。 (　　)

(3) 线性表只能采用顺序存储结构。 (　　)

(4) 线性表中的结点可以没有后继结点,如果有,最多只能有一个后继结点。 (　　)

(5) 线性表中的结点可以没有前驱结点,如果有,最多只能有一个前驱结点。 (　　)

(6) 线性结构的特点是只有一个结点没有前驱结点,只有一个结点没有后继结点,其余的结点只有一个前驱结点和一个后继结点。 (　　)

(7) 线性表中的每一个元素都有且仅有一个前驱结点和一个后继结点。 (　　)

(8) 线性表中的元素可以是任意类型的，但同一线性表中的数据元素必须具有相同的类型。 ( )

(9) 线性表的逻辑顺序与物理顺序总是一致的。 ( )

(10) 顺序表能够存放的最大元素数量 n 称为线性表的长度。 ( )

(11) 在线性表的顺序存储结构中，逻辑上相邻的两个元素在物理位置上并不一定紧邻。 ( )

(12) 线性表的顺序存储结构的特点是逻辑关系上相邻的两个元素在物理位置上也相邻。 ( )

(13) 在线性表的顺序存储结构中，插入和删除操作时，元素移动次数与插入和删除元素的位置有关。 ( )

(14) 线性表的链式存储结构是可以用不连续的的存储单元来存储线性表中的数据元素。 ( )

(15) 顺序表的每个结点只能存储一个基本数据类型的元素，不可以存储一个自定义数据类型的元素。 ( )

(16) 由于线性表的顺序结构可以进行随机读取，所以在插入新元素时，不需要移动其他元素。 ( )

(17) 在需要经常进行元素随机访问操作的情况下，线性表的顺序存储结构比链式存储结构更好。 ( )

(18) 线性表的链式存储结构中，表中元素的逻辑顺序与物理顺序一定相同。 ( )

(19) 在线性表的链式存储结构中，逻辑上相邻的元素在物理位置上不一定相邻。 ( )

(20) 在线性表的链式存储结构中，插入和删除操作时，元素移动次数与插入和删除元素的位置有关。 ( )

(21) 线性表的链式存储结构是可以用不连续的的存储单元来存储线性表中的数据元素。 ( )

(22) 链表的每个结点既可以存储一个基本数据类型的元素，也可以存储一个自定义数据类型的元素。 ( )

(23) 对链表进行插入和删除操作时不必移动链表中的结点。 ( )

3. 选择题

(1) 线性表最多有(　　)个结点没有前驱结点。

A. 0　　B. 1　　C. 2　　D. 无数个

(2) 线性表中的一个结点最多有(　　)个前驱结点。

A. 0　　B. 1　　C. 2　　D. 无数个

(3) 线性表中的一个结点最多有(　　)个后继结点。

A. 0　　B. 1　　C. 2　　D. 无数个

(4) 下列(　　)是线性表结构。

A. 操作系统中的文件目录结构　　B. 城市交通网络

C. 实数集合　　D. n 维向量

（5）设线性表有 n 个元素，以下算法中，（　　）在顺序表上实现比在链表上实现效率更高。

A. 输出第 i(1≤i≤n)个元素值

B. 交换第 1 个元素与第 2 个元素的值

C. 顺序输出这 n 个元素的值

D. 输出与给定值 x 相等的元素在线性表中的序号

（6）设线性表中有 n 个元素，（　　）操作，在单链表上实现要比在顺序表上实现效率更高。

A. 删除所有值为 x 的元素

B. 在最后一个元素的后面插入一个新元素

C. 顺序输出前 k 个元素

D. 交换第 i 个元素和第 n－i＋1 个元素的值(i＝1，2，…，n)

（7）向一个有 127 个元素的顺序表中插入一个新元素并保持原来顺序不变，平均要移动（　　）个元素。

A. 64　　B. 63　　C. 63.5　　D. 7

（8）一个顺序表第一个元素的存储地址是 100，每个元素的长度为 4 个字节，则第 5 个元素的地址是（　　）。

A. 100　　B. 108　　C. 116　　D. 120

（9）已知一个顺序存储的线性表，设每个结点需占 m 个存储单元，若第一个结点的地址为 add1，则第 I 个结点的地址为（　　）。

A. add1＋(I－1)×m　　B. add1＋I×m

C. add1－I×m　　D. add1＋(I＋1)×m

（10）在一个长度为 n 的顺序存储的线性表中，向第 i 个元素(1≤i≤n＋1)位置插入一个新元素时，需要将（　　）个元素向后移动一个位置。

A. n－i　　B. n－i＋1　　C. n－i－1　　D. i

（11）在一个长度为 n 的顺序存储的线性表中，删除第 i 个元素(1≤i≤n)时，需要将（　　）个元素向前移动一个位置。

A. n－i　　B. n－i＋1　　C. n－i－1　　D. i

（12）将两个各有 n 个元素的有序表合并成一个有序表，其最少的比较次数为（　　）。

A. 2n　　B. 2n－1　　C. n　　D. n 的平方

（13）在长度为 n 的单链表中查找某给定值 x 时，最少查找（　　）次就可找到。

A. 1　　B. n　　C. n^2　　D. n/2

（14）在一个单链表中，若 p 所指结点不是最后结点，在 p 之后插入 s 所指结点，则执行（　　）。

A. s－>next＝p；p－>next＝s；

B. s－>next＝p－>next；p－>next＝s；

C. s－>next＝p－>next；p＝s；

D. p－>next＝s；s－>next＝p；

（15）在一个单链表中，若将 p 所指结点的后继结点从链表中移除，则执行（　　）。

A. p＝p－＞next－＞next；

B. p＝p－＞next；p－＞next＝p－＞next－＞next；

C. p－＞next＝p－＞next；

D. p－＞next＝p－＞next－＞next；

(16) 在一个单链表中，若将 p 所指结点从链表中移除，q 已指向其前驱结点，则执行(　　)。

A. q－＞next＝p；　　B. q＝p－＞next；

C. q－＞next＝p－＞next；　　D. p－＞next＝q；

(17) 在一个不带头结点的单链表中，若 pFirst 指向链表的第一个结点，则在第一个结点前插入一个新结点 s，应执行(　　)。

A. s－＞next＝pFirst；pFirst－＞next＝s；

B. s－＞next＝pFirst；pFirst＝s；

C. s－＞next＝pFirst－＞next；pFirst＝s；

D. pFirst－＞next＝s；s－＞next＝pFirst；

(18) 在一个长度为 n(n＞1)的单链表上，设有两个指针分别指向链表的第一个元素和最后一个元素，执行(　　)操作与链表的长度有关。

A. 删除单链表中的第一个元素

B. 删除单链表的最后一个元素

C. 在单链表的第一个元素前插入一个新元素

D. 在单链表的最后一个元素后插入一个新元素

12.3　课后习题参考答案

1. 填空题

(1) 长度、空表　　(2) 首结点、尾结点　　(3) 顺序

(4) $LOC(e_i)=LOC(e_1)+(i-1)k$　　(5) 链式

(6) 双向链表　　(7) 数据域、指针域　　(8) 单向链表

(9) 双向链表　　(10) 循环链表　　(11) 前驱、后继

(12) 4

100

(13) p!＝NULL

p＝＝NULL

2. 判断题

(1) √	(2) ×	(3) ×	(4) √	(5) √
(6) √	(7) ×	(8) √	(9) ×	(10) ×
(11) ×	(12) √	(13) √	(14) √	(15) ×
(16) ×	(17) √	(18) ×	(19) √	(20) ×

(21) √　　(22) √　　(23) √

3. 选择题

(1) B　　(2) B　　(3) B　　(4) D　　(5) A

(6) A　　(7) C　　(8) C　　(9) A　　(10) B

(11) A　　(12) C　　(13) A　　(14) B　　(15) D

(16) C　　(17) B　　(18) B

第 13 章　栈和队列

导学

【实习目标】

- 熟悉并掌握栈的定义及特点。
- 熟悉并掌握顺序栈和链接栈的描述方法和基本操作的实现。
- 能够使用栈解决实际应用问题。
- 熟悉并掌握队列的定义及特点。
- 熟悉并掌握顺序队列和链接队列的描述方法和基本操作的实现。
- 能够使用队列解决实际应用问题。

13.1　课程实习

一、栈的操作

1. 用链接栈实现主教材例 13-1 中将十进制数转换为其他各种进制(如二进制、八进制、十六进制)数的问题。

(1) 用 C++ 语言写出程序代码。

（2）上机调试并测试你的程序。

【实习指导】

直接复用主教材中关于链接栈的实现代码建立链接栈。对于主教材例 13-1 中的主程序稍作修改即可。

2. 请利用已有的基本操作，实现栈元素的正序输出，并编写主函数进行测试。主函数要求先建立一个顺序栈 S，若干个元素依次入栈，然后执行“Print(S);”语句，在屏幕上按输入的顺序输出栈中的元素。例如，将 1、3、5、7、9、11、13、15 等元素依次入栈，输出结果仍然是 1、3、5、7、9、11、13、15。

（1）用 C++ 语言写出程序代码。

（2）上机调试并测试你的程序。

【实习指导】

可定义一个 Print() 函数，该函数先将栈中的所有元素出栈，并利用一个临时数组存放这些的元素，然后将临时数组中的元素输出并重新进栈。

二、队列的操作

1. 对于循环队列，采用“少用一个元素空间，通过(rear+1)%MaxSize==front 是否成立来判断队列是否满”的方法，编写主函数对修改后的循环队列类模板进行测试。

（1）用C++语言写出程序代码。

（2）上机调试并测试你的程序。

【实习指导】

对主教材中描述13-5和描述13-6进行修改。去掉记录队列实际元素个数的数据成员size及对size的相关操作函数。为了方便，可增加一个求队列中元素个数的操作。可用“在屏幕上显示杨辉三角问题”进行测试。

2. 使用链接队列实现主教材例13-2中在屏幕上显示杨辉三角的问题。

（1）用C++语言写出程序代码。

（2）上机调试并测试你的程序。

【实习指导】

直接复用主教材中关于链接栈的实现代码建立链接栈，对于主教材例 13-2 中的主程序稍作修改即可。

3. 编写程序实现利用一个队列中的元素创建一个栈的算法，将队列的头作为栈顶，队列的尾作为栈底，创建栈后队列保持不变。

（1）用 C++ 语言写出程序代码。

（2）上机调试并测试你的程序。

【实习指导】

这是两种数据结构的结合。要求“将队列的头作为栈顶，队列的尾作为栈底，创建栈后队列保持不变”，意味着队列元素进栈顺序是由队尾元素到队头元素。可先将队列中的所有元素出队列，并利用一个临时数组存放这些元素，然后将临时数组中的元素按队尾元素到对头元素的顺序进栈，再将临时数组中的元素按队头元素到队尾元素的顺序入队。

13.2　课 后 习 题

1. 填空题

（1）栈是一种插入和删除操作都只能在表的同一端进行的________。

(2) 栈允许进行插入和删除操作的一端称为________,又称表尾;另一端称为________,又称表头。

(3) 向栈中插入元素的操作称为________或________。

(4) 从栈中删除元素的操作称为________或________。

(5) 栈中元素是以 $e_1, e_2, \cdots, e_n$ 的顺序进栈,全部进栈后再出栈,则出栈的顺序是________。

(6) 顺序栈可以用________实现。

(7) 当顺序栈中已有元素数量达到最大时,如果再进行进栈操作,则会产生溢出,此时称为________。

(8) 如果对空栈进行出栈操作时也会产生溢出,此时称为________。

(9) 栈的链式存储结构一般是通过________来实现的。

(10) 采用链接结构来表示栈,这样的数据结构称为________。

(11) 队列的插入操作也称为________,允许入队的一端称为________。

(12) 队列的删除操作也称为________,允许出队的一端称为________。

(13) 当队列满时,再进行入队操作,这种溢出称为________;当队列空时,再进行出队操作,这种溢出称为________。

(14) 将顺序队列存储空间的最后一个位置和第一个位置逻辑上连接在一起,这样的队列称为________。

(15) 队列的链式存储结构是仅在________删除结点和在________插入结点的单链表,也称为链接队列。

(16) 将十进制数转换为其他各种进制(如二进制、八进制、十六进制)数的程序如下。假设用户输入的是"100　2",则输出结果为________。

```
#include <iostream>
using namespace std;
#include "LinearStack.h"
void conversion(int,int);      //转换函数
int main()
{
    int n, base;
    cout<<"请输入十进制数和要转换的进制的基数:\n";
    cin>>n>>base;
    conversion(n, base);
    cout<<endl;
    return 0;
}
void conversion(int n, int base)
{
    int x,y;
    y=n;
    LinearStack<int>s(100);
    while(y)
```

```
    {
        s.Push(y%base);
        y =y/base;
    }
    cout<<"十进制数"<<n<<"转换为"<<base<<"进制为:";
    while(!s.IsEmpty())
    {
        s.Pop(x);
        cout<<x;
    }
}
```

(17) 假设一个表达式中只允许使用小括号。下面的程序借助栈来检验表达式中的小括号是否匹配,请根据结点类和单向链接栈类的声明将程序补充完整。

```
template<class T>
class LinkNode              //结点类
{
   template<class T>
   friend class LinkStack; //将链接栈类声明为友类
public:
   LinkNode();              //构造函数
private:
   T data;                  //结点元素
   LinkNode<T> * next;      //指向下一个结点的指针
};
//单向链接栈类
template<class T>
class LinkStack
{
public:
   LinkStack ();            //构造函数,创建空栈
   ~LinkStack();            //析构函数,删除栈
   bool IsEmpty() const;    //判断栈是否为空,空则返回 true,非空则返回 false
   bool Push(const T& x);   //在栈顶插入元素 x,插入成功则返回 true,不成功则返回 false
   bool Top(T& x);          //求栈顶元素的值放入 x 中,成功则返回 true,失败则返回 false
   bool Pop(T& x);          //从栈顶删除一个元素,并将该元素的值放入 x 中
private:
   LinkNode<T> * top;       //指向链接栈的栈顶结点的指针
   int size;                //栈中元素个数
};
int main()
{
   char exp[80];
   LinkStack<char>S;        //建立字符型栈,用来存放括号
   bool flag=true;          //存放是否匹配的状态,true 表示匹配,false 表示不匹配
```

```
    char ch;
    int i=0;
    cin.getline(exp, 80);  //读取一行字符存到 exp 中
    while(exp[i]!='\0'&& flag)
    {
        switch (exp[i])
        {
        case '(':              //字符是左括号
            S.Push(exp[i]);   //进栈
            break;
        case ')':              //字符是右括号
            if(______________)
                S.Pop(ch);     //出栈
            else
                flag=false;    //匹配错误
            break;
        }
        i++;
    }
    if(______________)
        cout<<"表达式中的括号匹配正确"<<endl;
    else
        cout<<"表达式中的括号匹配不正确"<<endl;
    return 0;
}
```

(18) 已知结点类模板和链接队列类模板的声明如下,主函数 main()执行后在屏幕上的输出结果为________。

```
//存储结点类
template<class T>
class LinkNode                          //结点类
{
    template<class T>
    friend class LinkQueue;             //将链接队列类声明为友类
public:
    LinkNode();                         //构造函数
private:
    T data;                             //结点元素
    LinkNode<T> * next;                 //指向下一个结点的指针
};
//链接队列类
template<class T>
class LinkQueue
{
public:
```

```
    LinkQueue();                          //创建空队列
    ~LinkQueue();                         //删除队列
    bool IsEmpty();                       //判断队列是否为空,空则返回 true,非空则返回 false
    bool Insert(const T& x);              //入队,在队列尾部插入元素 x
    bool GetElement(T& x);                //求队头元素的值放入 x 中
    bool Delete(T& x);                    //出队,从队头删除一个元素,并将该元素的值放入 x 中
    void OutPut(ostream& out)const;       //输出队列
private:
    int size;                             //队列实际元素个数
    LinkNode<T> * front, * rear;          //队列的队头和队尾指针
};
int main()
{
    int x1, x2, x3;
    LinkQueue<int>q;
    q.Insert(8);
    q.Insert(13);
    q.Delete(x1);
    q.GetElement(x2);
    x3 =x1+x2;
    q.Insert(x3);
    cout<<x3<<endl;
    q.Delete(x1);
    q.GetElement(x2);
    x3 =x1+x2;
    cout<<x3<<endl;
    return 0;
}
```

2. 判断题

(1) 栈是操作受限的线性表,只允许在表的一端进行元素插入操作,在另一端进行元素删除操作。 (　　)

(2) 对同一输入序列进行两次不同的合法的入栈和出栈操作,所得的输出序列也一定相同。 (　　)

(3) 进栈操作,在顺序存储结构上需要考虑溢出情况。 (　　)

(4) 队列是操作受限的线性表,只允许在表的一端进行元素插入操作,在另一端进行元素删除操作。 (　　)

(5) 可以在队列的任意位置插入元素。 (　　)

(6) 队列是一种插入与删除操作分别在表的两端进行的线性表,是一种先进后出型结构。 (　　)

(7) 在用顺序表表示的循环队列中,可用表示队列元素数量的成员变量作为区分队空或队满的条件。 (　　)

(8) 入队操作，在顺序存储结构上需要考虑溢出情况。 ( )

(9) 循环队列通常用指针来实现队列的头尾相接。 ( )

3. 选择题

(1) 下列关于栈的叙述正确的是( )。

A. 栈顶元素最先能被删除　　B. 栈顶元素最后才能被删除

C. 栈底元素永远不能被删除　　D. 以上 3 种说法都不对

(2) 下列关于栈的叙述中正确的是( )。

A. 在栈中只能插入数据　　B. 在栈中只能删除数据

C. 栈是先进先出的线性表　　D. 栈是先进后出的线性表

(3) 如果以链表作为栈的存储结构，则退栈操作时( )。

A. 必须判别栈是否满　　B. 判别栈元素的类型

C. 必须判别栈是否空　　D. 对栈不作任何判别

(4) 判定一个顺序表示的栈 S(S 是指向栈对象的指针，最大元素数量是 m)为空的条件是( )。

A. S－＞top＝＝0　　B. S－＞top＝＝－1

C. S－＞top！＝m　　D. S－＞top＝＝m

(5) 判定一个栈 S(S 是指向栈对象的指针，最大元素数量是 m)为栈满的条件是( )。

A. S－＞top！＝0　　B. S－＞top＝＝m

C. S－＞top＝＝m－1　　D. S－＞top！＝m－1

(6) 利用数组 a[N]顺序存储一个栈时，用 top 表示栈顶指针，用 top＝＝－1 表示栈空，并已知栈未满，当元素 x 进栈时所执行的操作是( )。

A. top－－；a[top]＝x；　　B. a[top]＝x；top－－；

C. top＋＋；a[top]＝x；　　D. a[top]＝x；top＋＋；

(7) 设链式栈中结点的结构为(data 是数据域，next 是指针域)，且 top 是指向栈顶的指针。若想将链式栈的栈顶结点出栈，并将出栈结点数据域 data 的值保存到 x 中，则应执行下列( )操作。

A. x＝top－＞data；　top＝top－＞next；

B. top＝top－＞next；x＝top－＞data；

C. x＝top；top＝top－＞next；

D. x＝top－＞data；

(8) 一个栈的入栈序列是 a,b,c,d,e，则栈的不可能的输出序列是( )。

A. e,d,c,b,a　　B. d,e,c,b,a　　C. d,c,e,a,b　　D. a,b,c,d,e

(9) 若让元素 1,2,3 依次进栈，则出栈次序不可能出现( )的情况。

A. 3,2,1　　B. 2,1,3　　C. 1,3,2　　D. 3,1,2

(10) 若让元素 a,b,c,d 依次进栈，则出栈次序不可能出现( )的情况。

A. c,b,a,d　　B. b,a,d,c　　C. d,c,b,a　　D. a,d,b,c

(11) 在一个顺序循环队列中，队尾指针指向队尾元素的( )位置。

A. 前一个　　B. 后一个　　C. 当前　　D. 最后

(12) 下列关于队列的叙述中，正确的是(　　)。

A. 在队列中只能插入数据　　B. 在队列中只能删除数据

C. 队列是先进先出的线性表　　D. 队列是先进后出的线性表

(13) 如果以链表作为队列的存储结构，则出队操作时(　　)。

A. 必须判别队列是否满　　B. 判别队列元素的类型

C. 必须判别队列是否空　　D. 对队列不作任何判别

(14) 在一个链接队列中，假设 f 和 r 分别是队头和队尾指针，则插入一个 s 结点的运算是(　　)。

A. f->next=s; f=s;　　B. r->next=s; r=s;

C. s->next=r; r=s;　　D. s->next=f; f=s;

(15) 在一个链接队列中，假设 f 和 r 分别是队头和队尾指针，则删除一个结点的运算是(　　)。

A. r=f->next;　　B. r=r->next;

C. f=f->next;　　D. f=r->next;

13.3 课后习题参考答案

1. 填空题

(1) 线性表　　(2) 栈顶、栈底　　(3) 进栈、入栈

(4) 退栈、出栈　　(5) e_n、…、e_2、e_1　　(6) 一维数组

(7) 上溢　　(8) 下溢　　(9) 单链表

(10) 链接栈　　(11) 入队、队尾　　(12) 出队、队头

(13) 上溢、下溢　　(14) 循环队列　　(15) 表头、表尾

(16) 十进制数 100 转换为 2 进制为：1100100

(17) !S.IsEmpty()

flag&&S.IsEmpty()

(18) 21

34

2. 判断题

(1) ×　　(2) ×　　(3) √　　(4) √　　(5) ×

(6) ×　　(7) √　　(8) √　　(9) ×

3. 选择题

(1) A　　(2) D　　(3) C　　(4) B　　(5) C

(6) C　　(7) A　　(8) C　　(9) D　　(10) D

(11) B　　(12) C　　(13) C　　(14) B　　(15) C

第 14 章　树和二叉树

导 学

【实习目标】

- 熟悉并掌握二叉树的结构特点。
- 熟悉并掌握二叉树的基本操作。
- 能够使用二叉树解决实际应用问题。
- 熟悉并掌握哈夫曼树的构造方法。
- 熟悉并掌握哈夫曼码的编码方法和解码方法。

14.1　课 程 实 习

一、二叉树的操作

1. 构建一棵链式表示的二叉树，其中每一结点都保存一个整数，且任一结点中的整数值大于其左子树各结点中的整数值、小于其右子树各结点中的整数值。假设将值为 43、56、37、28、17、39、22、70 的各结点依次插入二叉树中，插入完毕后采用中序遍历方式输出二叉树中每一结点的整数值。

(1) 用 C++ 语言写出程序代码。

（2）上机调试并测试你的程序。

【实习指导】

插入整数 X 时，从根结点开始，若 X 小于当前结点的值，则 X 应插入当前结点的左子树中；否则，X 应插入当前结点的右子树中。重复该步骤直至应插入的子树为空，此时将 X 作为该子树的根结点插入二叉树中。

2. 构建一棵链式表示的二叉树，其中每一结点保存一名学生信息（包括学号、姓名和成绩），且任一结点中的学生的学号大于其左子树各结点中的学生的学号、小于其右子树各结点中的学生的学号。假设将以下 6 名学生信息依次插入二叉树中：("1102030", "李刚", 65)、("1102035", "王涛", 92)、("1102041", "吴明", 73)、("1102023", "马洪", 85)、("1102033", "赵冰", 90)、("1102045", "陈立", 88)，插入完毕后分别在二叉树中查找学号为 1102033 和 1102037 的结点，若查找成功，则将结点中保存的学生信息输出；否则，输出"查找失败!"。

（1）用 C++ 语言写出程序代码。

（2）上机调试并测试你的程序。

【实习指导】

可定义一个 Student 类，仿照问题 1 的方法构建二叉树。当根据给定学号 K 查找结点时，从根结点开始，若 K 小于当前结点的学号，则应到当前结点的左子树中继续查找；若 K 大于当前结点的学号，则应到当前结点的右子树中继续查找。重复该步骤，直至 K 等于当前结点的学号，查找成功并将匹配结点的学生信息输出；或待查找的子树为空，查找失败。

二、哈夫曼树和哈夫曼码

1. 假设要编码的字符集为{A, B, C, D, E, F},各字符的出现次数为{20, 5, 13, 8, 23, 3},构造一棵哈夫曼树。

(1) 用C++语言写出程序代码。

(2) 上机调试并测试你的程序。

【实习指导】

按照主教材14.7.2节中介绍的哈夫曼树构造方法编写程序。

2. 利用第1题中构造的哈夫曼树,得到字符串“FACE”的哈夫曼编码,再将编码结果输入哈夫曼树中,得到解码结果“FACE”。

(1) 用C++语言写出程序代码。

(2) 上机调试并测试你的程序。

【实习指导】

将一个字符串中每个字符的哈夫曼码，按照从左至右的顺序组合在一起就形成了一个字符串的哈夫曼码；解码时按照主教材 14.7.3 节中介绍的哈夫曼码的解码方法编写程序。

14.2　课后习题

1. 填空题

(1) 树中有且仅有一个没有前驱的结点，该结点称为树的________。

(2) 将根结点去除后，其余结点可分为 m(m≥0)个互不相交的子集 $T_1, T_2, \cdots, T_m$，其中每个子集 $T_i(i=1,2,\cdots,m)$ 又是一棵树，并称其为根的________。

(3) ________表示法是通过集合包含的形式体现结点之间的关系，后继结点集合包含在前驱结点集合中。

(4) ________表示法是利用书的目录形式表示结点之间的关系，后继结点位于前驱结点的下一层目录中。

(5) 广义表表示法是利用广义表的多层次结构来表示树，________结点位于________结点的下一层次。

(6) 一个结点的________的数目称为该结点的度，树中各结点度的________称为树的度。

(7) 树中各结点的层的最大值称为树的________。

(8) 从一个结点到其后继结点之间的连线称为一个________。

(9) 从一个结点 X 到另一个结点 Y 所经历的所有分支构成结点 X 到结点 Y 的路径，一条路径上的分支数目称为________。

(10) 从树的根结点到其他各个结点的路径长度之和称为________。

(11) 树中度为 0 的结点称为________(或________)。

(12) 度不为 0 的结点称为________(或________)。

(13) 除根结点以外的分支结点也称为________。

(14) 在树中，一个结点的后继结点称为该结点的________；相应地，一个结点的前驱结点称为该结点的________。

(15) 同一双亲的孩子结点之间互称为________，不同双亲但在同一层的结点之间互称为________。

(16) 从树的根结点到某一个结点 X 的路径上经历的所有结点(包括根结点但不包括结点 X)称为结点 X 的________，以某一结点 X 为根的子树上的所有非根结点(即除结点 X 外)称为结点 X 的________。

(17) 对于树中的任一结点，如果其各棵子树的相对次序被用来表示数据之间的关系，即交换子树位置会改变树所表示的内容，则称该树为________；否则称为________。

(18) 将一棵树的根结点删除就可以得到由根结点的子树组成的________。

(19) m(m≥0)棵________的树的集合就构成了森林。

(20) 将一棵二叉树的根结点去除后，其余结点可分为两个互不相交的子集 T_1 和 T_2，其中每个子集 $T_i(i=1, 2)$又是一棵二叉树，并分别称为根结点的________和________。

(21) ________是指除了最后一层的结点为叶子结点外其他结点都有左、右两棵子树的二叉树。

(22) 把二叉树的结点按________的编号规则自上而下、从左至右依次存放在一组地址连续的存储单元里就构成了二叉树的顺序存储。

(23) 根据一个结点中________数量的不同，二叉树的链式表示又可以分为二叉链表表示和三叉链表表示。

(24) 二叉树的遍历就是按照某种规则依次访问二叉树中的每个结点，且每个结点________。

(25) 在实际应用中，往往给树中的结点赋予一个具有某种意义的实数，该实数就称为是结点的________。

(26) 结点的带权路径长度是指从________到该结点的路径长度与结点的权的乘积。

(27) 树的带权路径长度是指树中所有________结点的带权路径长度之和。

(28) 在由 n 个叶子结点构成的一类二叉树中，具有________带权路径长度的二叉树称为哈夫曼树。

(29) 哈夫曼码是利用哈夫曼树得到的一种________的二进制编码，它在数据压缩领域有着广泛应用。

(30) 已知结点类模板和二叉树二叉链表表示类模板的声明如下，则主函数 main()执行后在屏幕上的输出结果为________。

```
//结点类模板
template<class T>
class LinkedNode
{
    template<class T>
    friend class LinkedBinTree;
public:
    LinkedNode();                            //构造函数
    LinkedNode(const T &x);                  //构造函数
private:
    T m_data;
    LinkedNode<T> *m_pLeftChild, *m_pRightChild;
};
:                                            //LinkedNode 成员函数的实现(略)

//二叉树二叉链表表示类模板
template<class T>
class LinkedBinTree
```

```
{
public:
    LinkedBinTree();                             //创建空二叉树
    ~LinkedBinTree();                            //删除二叉树
    bool IsEmpty();                              //判断二叉树是否为空
    LinkedNode<T> * CreateRoot(const T &x); //以指定元素值创建根结点
    void Clear();                                //清空二叉树
    LinkedNode<T> * GetRoot();                   //获取根结点
    //将一个结点作为指定结点的左孩子插入
    LinkedNode<T> * InsertLeftChild(LinkedNode<T> * pNode, const T &x);
    //将一个结点作为指定结点的右孩子插入
    LinkedNode<T> * InsertRightChild(LinkedNode<T> * pNode, const T &x);
    //修改指定结点的元素值
    bool ModifyNodeValue(LinkedNode<T> * pNode, const T &x);
    //获取指定结点的元素值
    bool GetNodeValue(LinkedNode<T> * pNode, T &x);
    //获取指定结点的左孩子结点
    LinkedNode<T> * GetLeftChild(LinkedNode<T> * pNode);
    //获取指定结点的右孩子结点
    LinkedNode<T> * GetRightChild(LinkedNode<T> * pNode);
    //删除以指定结点为根的子树
    void DeleteSubTree(LinkedNode<T> * pNode);
private:
    LinkedNode<T> * m_pRoot;                     //指向根结点的指针
};
template <class T>
void BinTreeTraverse(LinkedBinTree<T> &btree, LinkedNode<T> * pNode)
{
    T x;
    if (pNode==NULL) return;
    btree.GetNodeValue(pNode, x);
    cout<<x;
    BinTreeTraverse(btree, btree.GetLeftChild(pNode));
    BinTreeTraverse(btree, btree.GetRightChild(pNode));
}
⋮                                   //LinkedBinTree 的其他成员函数的实现(略)

int main()
{
    LinkedBinTree<char>btree;
    LinkedNode<char> * pNodeA, * pNodeB, * pNodeC, * pNodeD, * pNodeE, * pNodeF,
* pNodeG, * pNodeH, * pNodeI;
    //创建一棵二叉树
    pNodeA =btree.CreateRoot('A');
    pNodeB =btree.InsertLeftChild(pNodeA, 'B');
```

```
    pNodeC =btree.InsertRightChild(pNodeA, 'C');
    pNodeD =btree.InsertRightChild(pNodeB, 'D');
    pNodeE =btree.InsertLeftChild(pNodeC, 'E');
    pNodeF =btree.InsertRightChild(pNodeC, 'F');
    pNodeG =btree.InsertLeftChild(pNodeD, 'G');
    pNodeH =btree.InsertLeftChild(pNodeF, 'H');
    pNodeI =btree.InsertRightChild(pNodeF, 'I');
    //遍历二叉树
    BinTreeTraverse(btree, pNodeB);
    cout<<endl;
    BinTreeTraverse(btree, pNodeC);
    cout<<endl;
    return 0;
}
```

(31) 已知结点类模板和二叉树二叉链表表示类模板的声明如下，请写出实现将一个结点作为指定结点的左孩子插入的成员函数 LinkedNode<T> * InsertLeftChild (LinkedNode<T> * pNode, const T &x)的代码。

```
//结点类模板
template<class T>
class LinkedNode
{
    template<class T>
    friend class LinkedBinTree;
public:
    LinkedNode();                               //构造函数
    LinkedNode(const T &x);                     //构造函数
private:
    T m_data;
    LinkedNode<T> * m_pLeftChild, * m_pRightChild;
};
⋮                                               //LinkedNode 成员函数的实现(略)

//二叉树二叉链表表示类模板
template<class T>
class LinkedBinTree
{
public:
    LinkedBinTree();                            //创建空二叉树
    ~LinkedBinTree();                           //删除二叉树
    bool IsEmpty();                             //判断二叉树是否为空
    LinkedNode<T> * CreateRoot(const T &x);     //以指定元素值创建根结点
    void Clear();                               //清空二叉树
    LinkedNode<T> * GetRoot();                  //获取根结点
    //将一个结点作为指定结点的左孩子插入
```

```
    LinkedNode<T> * InsertLeftChild(LinkedNode<T> * pNode, const T &x);
    //将一个结点作为指定结点的右孩子插入
    LinkedNode<T> * InsertRightChild(LinkedNode<T> * pNode, const T &x);
    //修改指定结点的元素值
    bool ModifyNodeValue(LinkedNode<T> * pNode, const T &x);
    //获取指定结点的元素值
    bool GetNodeValue(LinkedNode<T> * pNode, T &x);
    //获取指定结点的左孩子结点
    LinkedNode<T> * GetLeftChild(LinkedNode<T> * pNode);
    //获取指定结点的右孩子结点
    LinkedNode<T> * GetRightChild(LinkedNode<T> * pNode);
    //删除以指定结点为根的子树
    void DeleteSubTree(LinkedNode<T> * pNode);
private:
    LinkedNode<T> * m_pRoot;                   //指向根结点的指针
};
⋮                                              //LinkedBinTree 的其他成员函数的实现(略)

//将一个结点作为指定结点的左孩子插入
template<class T>
LinkedNode<T> * LinkedBinTree<T>::InsertLeftChild(LinkedNode<T> * pNode, const
T &x)
{
    LinkedNode<T> * pNewNode;
    //对传入参数进行有效性判断
    if (________________==NULL)
        return NULL;
    //创建一个新结点
    pNewNode =new LinkedNode<T>(x);
    if (pNewNode==NULL)                        //若分配内存失败
        return NULL;
    //将新结点作为 pNode 的左孩子(即将结点中的左孩子指针指向新结点)
    pNode->________________=pNewNode;
    return pNewNode;
}
```

2. 判断题

(1) 树的根结点没有前驱结点,但必须有后继结点。（　）

(2) 一个结点的后继结点的数目称为该结点的度;树中各结点度的最大值称为树的度。（　）

(3) 树的根结点所在的层为第 1 层,其余结点的层等于其前驱结点的层加 1;树中各结点的层的最大值称为树的深度。（　）

(4) 从一个结点到其后继结点之间的连线称为一个分支;从一个结点 X 到另一个结点

Y 所经历的所有分支构成结点 X 到结点 Y 的路径；一条路径上的分支数目称为路径长度；从树的根结点到其他各个结点的最长路径长度称为树的路径长度。（　）

（5）树中度为 0 的结点称为叶子结点（或终端结点），度不为 0 的结点称为分支结点（或非终端结点），分支结点也称为内部结点。（　）

（6）在树中，一个结点的后继结点称为该结点的孩子；相应地，一个结点的前驱结点称为该结点的双亲。（　）

（7）对于树中的任一结点，如果其各棵子树的相对次序被用来表示数据之间的关系，即交换子树位置会改变树所表示的内容，则称该树为有序树；否则，称为无序树。（　）

（8）m（m≥0）棵相交的树的集合就构成了森林。（　）

（9）二叉树的第 h 层最多有 2^{h-1} 个结点。（　）

（10）深度为 h 的非空二叉树最多有 2^h-1 个结点。（　）

（11）完全二叉树就是满二叉树。（　）

（12）满二叉树必然是完全二叉树。（　）

（13）二叉树就是度为 2 的树。（　）

（14）二叉树是有序树。（　）

（15）在计算机中存储二叉树只能采用链式表示法。（　）

（16）在通信、数据压缩等领域被广泛应用的哈夫曼树采用的是二叉树结构。（　）

（17）二叉树是特殊的树状结构。（　）

（18）在计算机中存储二叉树的方法主要有两种，分别是顺序表示法和链式表示法。（　）

（19）二叉树的顺序表示法操作方便，但缺点是容易造成存储空间的浪费。（　）

（20）相对于完全二叉树，顺序表示法更适用于非完全二叉树。（　）

（21）由于顺序表示非完全二叉树时空间利用率较低，因此二叉树的顺序表示在实际中应用不多。（　）

（22）二叉链表表示是二叉树最常用的存储结构。（　）

（23）在二叉树的三叉链表表示中，结点中设有指向其双亲结点的指针，要获取一个结点的双亲结点只要访问指向其双亲结点的指针即可。（　）

（24）根据二叉树的先序遍历序列并不能确定二叉树的根结点。（　）

（25）二叉树的逐层遍历，是指从第 1 层开始依次对每层中的结点按照从左至右的顺序进行访问。（　）

（26）根据关键字查找二叉树中的结点，实质上就是按照某种规则依次访问二叉树中的每一结点，直至找到与关键字匹配的结点。（　）

（27）若有一个结点是二叉树中某个子树的中序遍历结果序列的最后一个结点，则它一定是该子树的先序遍历结果序列的最后一个结点。（　）

（28）存在这样的二叉树，对它采用任何次序的遍历，结果相同。（　）

（29）已知一棵二叉树的先序遍历序列和中序遍历序列可以唯一地构造出该二叉树。（　）

3. 选择题

(1) 在一棵度为 3 的树中，度为 3 的结点个数为 2，度为 2 的结点个数为 1，度为 1 的结点个数为 0，则度为 0 的结点个数为(　　)。

A. 4　　B. 5　　C. 6　　D. 7

(2) 树中各结点度的最大值称为树的(　　)。

A. 路径　　B. 度　　C. 层　　D. 深度

(3) 从一个结点到其后继结点之间的连线称为一个分支；从一个结点 X 到另一个结点 Y 所经历的所有分支构成结点 X 到结点 Y(　　)。

A. 路径长度　　B. 分支
C. 路径　　D. 树的路径长度

(4) 在树中，互为堂兄弟的结点拥有相同的(　　)。

A. 双亲　　B. 祖先　　C. 路径　　D. 孩子

(5) 在树中，拥有相同双亲的两个结点称为(　　)结点。

A. 兄弟　　B. 堂兄弟　　C. 父子　　D. 同等

(6) 树最适合用来表示(　　)。

A. 有序数据元素　　B. 无序数据元素
C. 元素之间无联系的数据　　D. 元素之间具有分支层次关系的数据

(7) 树中所有结点的度之和等于所有结点数加(　　)。

A. 1　　B. 0　　C. −1　　D. 2

(8) 一棵完全二叉树上有 1001 个结点，其中叶子结点的个数是(　　)。

A. 250　　B. 500　　C. 254　　D. 501

(9) 二叉树就是每个结点的度小于或等于 2 的(　　)。

A. 有序树　　B. 无序树
C. 可以有序也可以无序　　D. 根据结点的度决定是否有序

(10) 在二叉树的第 i 层上至多有(　　)个结点($i\geqslant1$)。

A. 2^i-1　　B. 2^{i-1}　　C. 2^i+1　　D. 2^{i+1}

(11) 采用顺序编号的完全二叉树，若一个分支结点的编号为 i，则其左子树的根结点(即左孩子结点)编号为(　　)。

A. $2\times i$　　B. $2\times i+1$　　C. $2\times(i+1)$　　D. $2\times(i+2)$

(12) 设 a、b 为一棵二叉树上的两个结点，在中序遍历中，a 在 b 前面的条件是(　　)。

A. a 在 b 的右方　B. a 在 b 的左方　　C. a 是 b 的祖先　　D. a 是 b 的子孙

(13) 深度为 6 的二叉树至多有(　　)结点。

A. 64　　B. 63　　C. 31　　D. 32

(14) 某二叉树共有 7 个结点，其中叶子结点只有 1 个，则该二叉树的深度为(　　)。

A. 3　　B. 4　　C. 6　　D. 7

(15) 按照二叉树的定义，具有 3 个结点的二叉树，共有(　　)种形状。

A. 3　　B. 4　　C. 5　　D. 6

(16) 将含 100 个结点的完全二叉树从根这一层开始，每层从左至右依次对结点编号，根结点的编号为1。编号为47的结点X的双亲的编号为(　　)。

A. 23　　B. 24　　C. 25　　D. 无法确定

(17) 在下述结论中,正确的是(　　)。

A. 在树中,互为堂兄弟的结点拥有相同的双亲

B. 二叉树的度为2

C. 二叉树的左、右子树可任意交换

D. 深度为K的完全二叉树的结点个数小于或等于深度相同的满二叉树

(18) 对二叉树的结点从1开始进行连续编号,要求每个结点的编号大于其左、右孩子的编号,同一结点的左、右孩子中,其左孩子的编号小于其右孩子的编号,可采用(　　)遍历实现编号。

A. 先序　　B. 中序

C. 后序　　D. 从根开始按层次遍历

(19) 若二叉树采用二叉链表存储结构,要交换其所有分支结点左、右子树的位置,利用(　　)遍历方法最合适。

A. 先序　　B. 中序

C. 后序　　D. 从根开始按层次遍历

(20) 已知一棵二叉树的先序遍历序列为AFCDGBE,中序遍历序列为CFDABGE,则该二叉树的后序遍历序列是(　　)。

A. CDBFEGA　　B. CDFGBEA　　C. CDBAFGE　　D. CDFBEGA

(21) 对于先序遍历与中序遍历结果相同的二叉树为(　　)。

A. 一般二叉树　　B. 所有结点只有左子树的二叉树

C. 根结点无左孩子的二叉树　　D. 所有结点只有右子树的二叉树

(22) 任何一棵二叉树的叶子结点在先序、中序和后序遍历序列中的相对次序(　　)。

A. 发生改变　　B. 不发生改变　　C. 不能确定　　D. 以上都不对

14.3 课后习题参考答案

1. 填空题

(1) 根结点　　(2) 子树　　(3) 嵌套集合

(4) 凹入表　　(5) 后继、前驱　　(6) 后继、最大值

(7) 深度　　(8) 分支　　(9) 路径长度

(10) 树的路径长度　　(11) 叶子结点、终端结点

(12) 分支结点、非终端结点　　(13) 内部结点　　(14) 孩子、双亲

(15) 兄弟、堂兄弟　　(16) 祖先、子孙　　(17) 有序树、无序树

(18) 森林　　(19) 互不相交　　(20) 左子树、右子树

(21) 满二叉树　　(22) 完全二叉树　　(23) 指针域

(24) 仅被访问一次　　(25) 权　　(26) 树根

(27) 叶子　(28) 最短　(29) 不定长

(30) BDG
　　CEFHI

(31) pNode
　　m_pLeftChild

2. 判断题

(1) ×　(2) √　(3) √　(4) ×　(5) ×
(6) √　(7) √　(8) ×　(9) √　(10) √
(11) ×　(12) √　(13) ×　(14) √　(15) ×
(16) √　(17) √　(18) √　(19) √　(20) ×
(21) √　(22) √　(23) √　(24) ×　(25) √
(26) √　(27) ×　(28) √　(29) √

3. 选择题

(1) C　(2) B　(3) C　(4) B　(5) A
(6) D　(7) C　(8) D　(9) A　(10) B
(11) A　(12) B　(13) B　(14) D　(15) C
(16) A　(17) D　(18) C　(19) C　(20) D
(21) D　(22) B

第 15 章　图

导 学

【实习目标】

- 熟悉并掌握图的结构特点。
- 熟悉并掌握图的基本操作。
- 能够使用图解决实际应用问题。

15.1　课 程 实 习

1. 实现主教材中的例 15-4：有若干个城市，通过在两个城市之间修建高速公路，使得从任一城市出发经过高速公路都可以到达另一城市。为了使修建高速公路的工程总造价最低，应如何设计？

(1) 用 C++ 语言写出程序代码。

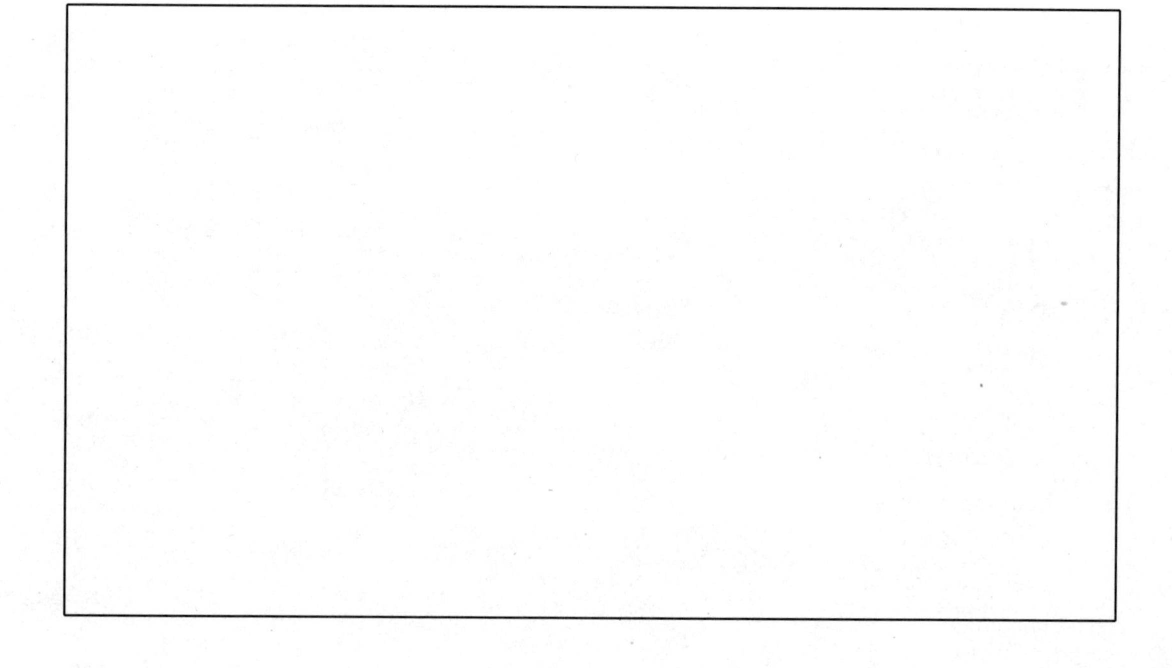

（2）上机调试并测试你的程序。

【实习指导】

利用拓展学习中给出的最小生成树算法即可得到问题的解。

2. 实现主教材中的例15-5：一个人开车从一个地方去另一个地方，有多种路线，为了使总里程数最少，应走哪条路线？

（1）用C++语言写出程序代码。

（2）上机调试并测试你的程序。

【实习指导】

利用拓展学习中给出的最短路径算法即可得到问题的解。

3. 构建一个人际关系网：假设有李刚、王涛、吴明、马洪、赵冰、陈立6个人，其中（李刚，王涛）、（李刚，马洪）、（李刚，赵冰）、（王涛，赵冰）、（吴明，马洪）、（马洪，陈立）是朋友关系。请编程实现该人际关系网，并按关系远近输出与吴明有直接或间接关系的人（如马洪是吴明的朋友；陈立、李刚是马洪的朋友，即吴明的朋友的朋友；王涛、赵冰是李刚的朋友，即吴明的朋友的朋友的朋友）。

（1）用C++语言写出程序代码。

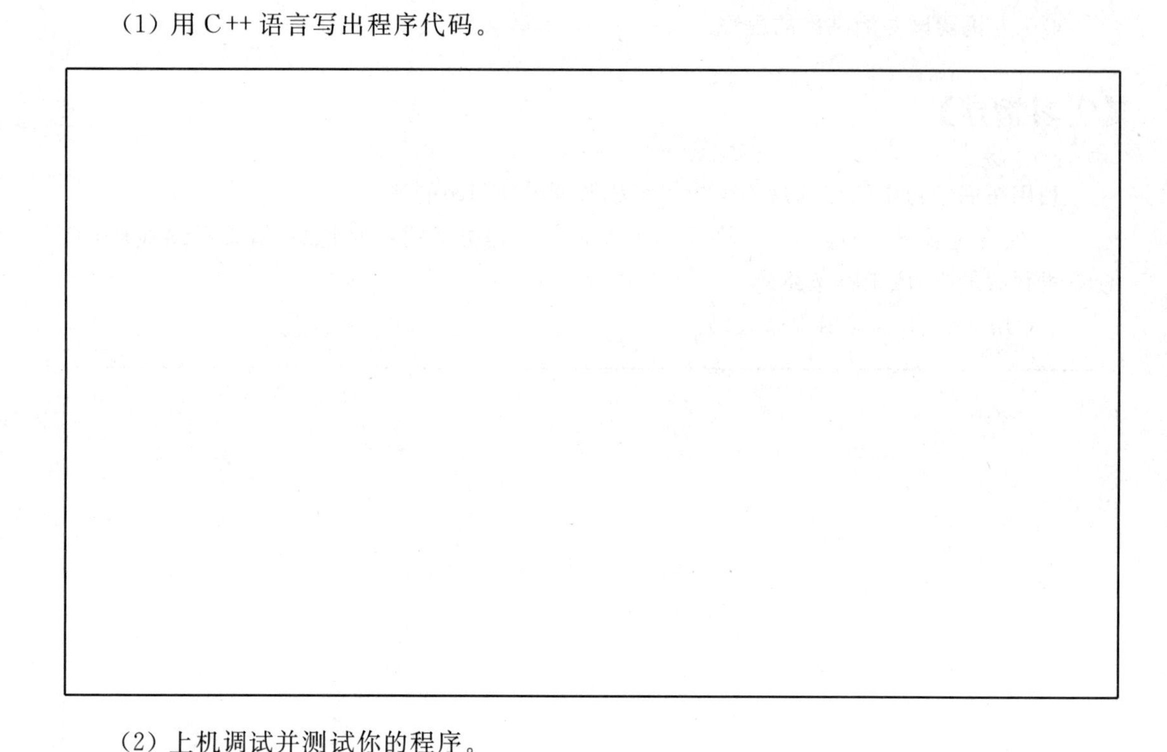

（2）上机调试并测试你的程序。

【实习指导】

每个人的信息作为图中的一个结点，朋友关系体现为图中的边，每条边的权相同（如取值都为1）。计算从吴明所在结点到其他各结点的最短路径，最短路径长度为1的结点中存储的就是吴明的朋友；最短路径长度为2的结点中存储的就是吴明的朋友的朋友；最短路径长度为3的结点中存储的就是吴明的朋友的朋友的朋友。

15.2 课后习题

1. 填空题

（1）图G由________的非空有限集合V和________的集合E组成，记为G=(V, E)。

（2）若E(G)中的顶点偶对是有序的，则这些有序偶对就形成了有向边，此时图G称为________。

（3）在有向图G中，对于一条从顶点v_i到顶点v_j的弧，记为$<v_i, v_j>$并有$<v_i, v_j>\in$ E(G)，称v_i为________，v_j为________。

（4）若E(G)中的顶点偶对是无序的，则这些无序偶对就形成了无向边，此时图G称为________。

（5）在无向图G中，若存在$(v_i, v_j)\in E(G)$，则称顶点v_i和顶点v_j互为________。

(6) 在无向图中，与顶点 v_i 相关联的边的数目称为顶点 v_i 的________。

(7) 在有向图中，以顶点 v_i 为弧头的弧的数目称为顶点 v_i 的________。

(8) 在有向图中，以顶点 v_i 为弧尾的弧的数目称为 v_i 的________。

(9) 在有向图中，顶点 v_i 的入度和出度之________称为 v_i 的度。

(10) 一条路径中边的数目称为________。

(11) 在一条路径中，若一个顶点至多只经过一次，则该路径称为________。

(12) 在一条路径中，若组成路径的顶点序列中第一个顶点与最后一个顶点相同，则该路径称为________(或________)。

(13) 在一个回路中，若除第一个顶点与最后一个顶点外，其他顶点只出现一次，则该回路称为________(或________)。

(14) 对于无向图，若至少存在一条从顶点 v_i 到顶点 v_j 的路径，则称顶点 v_i 和顶点 v_j 是________的。

(15) 若无向图 G 中任意两个顶点都是连通的，则称 G 为________。

(16) 对有向图，若存在从顶点 v_i 到顶点 v_j 的路径或者存在从顶点 v_j 到顶点 v_i 的路径，则称顶点 v_i 和顶点 v_j 是________的。

(17) 对有向图，若既存在从顶点 v_i 到顶点 v_j 的路径，也存在从顶点 v_j 到顶点 v_i 的路径，则称顶点 v_i 和顶点 v_j 是________的。

(18) 有向图 G 中，若任意两个顶点都是单向连通的，则称 G 是________。

(19) 有向图 G 中，若任意两个顶点都是强连通的，则称 G 为________。

(20) 一个无向图的极大连通子图称为该无向图的________。

(21) 一个有向图的极大强连通子图称为该有向图的________。

(22) 可以为一个图中的每条边标上一个具有某种意义的________，该实数就称为是边的权。

(23) 边上带权的图称为________。

(24) 若无向图 G 的一个子图 G'是一棵包含图 G 所有顶点的树，则 G'称为图 G 的________。

(25) 在所有形式的生成树中，边上的权之和最小的生成树称为________。

(26) ________是用矩阵来表示各顶点之间的连接关系。

(27) 邻接压缩表使用 3 个顺序表来表示图中顶点之间的________和权。

(28) 在邻接链表中，每个顶点中设置一个________，在链表中保存与该顶点相邻接的顶点信息。

(29) 图的遍历是指从某一顶点出发按照某种规则依次访问图中的所有顶点，且每个顶点________。

(30) 图的________遍历类似于树的逐层遍历。

(31) 图的________遍历类似于树的先序遍历。

2. 判断题

(1) n 个结点的有向图，若它有 n(n−1)条边，则它一定是连通图。　(　)

(2) n 个结点的无向图，若它有 n(n−1)/2 条边，则它一定是连通图。　(　)

(3) 具有 10 个顶点的无向图,最多有 45 条边。 (   )

(4) 只有有向图才有连通分量,无向图没有。 (   )

(5) 强连通图的各顶点间均可达。 (   )

(6) 图是一种典型的线性结构。 (   )

(7) 边上带权的图就称为带权图。 (   )

(8) 若无向图 G 的一个子图 G'是一棵包含图 G 所有顶点的树,则 G'称为图 G 的生成树。 (   )

(9) 图的生成树既是树也是图。 (   )

(10) 在图的所有形式的生成树中,边上的权之和最小的生成树称为图的最小生成树。 (   )

(11) 图的一条路径中顶点的数目称为路径长度。 (   )

(12) 在图的一条路径中,若一个顶点至多只经过一次,则该路径称为简单路径。 (   )

(13) 一个无向图的极大连通子图称为该无向图的连通分量;一个有向图的极大强连通子图称为该有向图的强连通分量。 (   )

(14) 在有 n 个顶点的有向图中,每个顶点的度最大可达 n－1。 (   )

(15) 有向图和无向图都有生成树。 (   )

(16) 用邻接矩阵存储一个图时,所占用的存储空间大小只与图中顶点个数有关,而与图的边数无关。 (   )

(17) 用邻接链表存储一个图时,边数越多,占用的存储空间越大。 (   )

(18) 邻接链表只能用于有向图的存储,邻接矩阵对于有向图和无向图的存储都适用。 (   )

(19) 有向图和无向图的邻接矩阵都是对称的。 (   )

(20) 如果某个有向图的邻接链表中第 i 个顶点的链表为空,则第 i 个顶点的出度为零。 (   )

(21) 有 n 个顶点的无向图，采用邻接矩阵表示，图中的边数等于邻接矩阵中有效元素数量的一半。 (   )

(22) 广度优先遍历类似于树的逐层遍历。 (   )

(23) 深度优先遍历类似于树的先序遍历。 (   )

3. 选择题

(1) 在一个无向图中,若两顶点之间的路径长度为 k,则该路径上的顶点数为(   )。

A. k　　B. k＋1　　C. k＋2　　D. 2k

(2) 对于一个具有 n 个顶点的无向连通图,它包含的连通分量的个数为(   )。

A. 0　　B. 1　　C. n　　D. n＋1

(3) 在一个具有 n 个顶点的无向图中,要连通全部顶点至少需要(   )条边。

A. n　　B. n＋1　　C. n－1　　D. n/2

(4) 在一个具有 n 个顶点的有向图中,若所有顶点的出度之和为 s,则所有顶点的度之和为(   )。

A. s　　B. s+1　　C. s−1　　D. 2s

(5) 具有n个顶点的有向图最多有(　　)条边。

A. n　　B. n(n+1)　　C. n(n−1)　　D. n^2

(6) 在一个无向图中,所有顶点的度之和等于图的边数的(　　)倍。

A. 1　　B. 2　　C. 3　　D. 4

(7) 在一个有向图中,所有顶点的入度之和等于所有顶点的出度之和的(　　)倍。

A. 1　　B. 2　　C. 3　　D. 4

(8) 对于一个具有n个顶点的无向图,若采用邻接链表表示,则存放表头结点的数组的大小为(　　)。

A. n　　B. n+1　　C. n−1　　D. n+边数

(9) 下面(　　)不是常用的存储图的方法。

A. 邻接矩阵　　B. 邻接压缩表　　C. 邻接链表　　D. 散列表

(10) 在含n个顶点和e条边的无向图的邻接矩阵中,无效元素的个数为(　　)。

A. e　　B. 2e　　C. n^2-e　　D. n^2-2e

(11) 设无向图G中的边集E={(a,b),(a,c),(c,d),(c,e)},则从顶点a出发可以得到一种深度优先遍历的顶点序列为(　　)。

A. abced　　B. acbed　　C. acebd　　D. acdbe

(12) 设无向图G中的边集E={(a,b),(a,c),(c,d),(c,e)},则从顶点a出发可以得到一种广度优先遍历的顶点序列为(　　)。

A. acdbe　　B. abcde　　C. acebd　　D. abdec

15.3 课后习题参考答案

1. 填空题

(1) 顶点、边　　(2) 有向图　　(3) 弧尾、弧头
(4) 无向图　　(5) 邻接点　　(6) 度
(7) 入度　　(8) 出度　　(9) 和
(10) 路径长度　　(11) 简单路径　　(12) 回路、环
(13) 简单回路、简单环　　(14) 连通　　(15) 连通图
(16) 单向连通　　(17) 强连通　　(18) 单向连通图
(19) 强连通图　　(20) 连通分量　　(21) 强连通分量
(22) 实数　　(23) 带权图　　(24) 生成树
(25) 最小生成树　　(26) 邻接矩阵法　　(27) 连接关系
(28) 指向链表头的指针　　(29) 只被访问一次　　(30) 广度优先
(31) 深度优先

2. 判断题

(1) √　　(2) √　　(3) √　　(4) ×　　(5) √

(6) × (7) √ (8) √ (9) √ (10) √
(11) × (12) √ (13) √ (14) × (15) ×
(16) √ (17) √ (18) × (19) × (20) √
(21) √ (22) √ (23) √

3. 选择题

(1) B (2) B (3) C (4) D (5) C
(6) B (7) A (8) A (9) D (10) D
(11) A (12) B

第16章 算法设计策略及应用实例

导 学

【实习目标】

- 熟悉并掌握分治策略的基本概念、算法设计步骤和设计模式；能够使用分治策略设计程序，解决实际应用问题。
- 熟悉并掌握贪心策略的基本概念、算法设计步骤和设计模式；能够使用贪心策略设计程序，解决实际应用问题。
- 熟悉并掌握动态规划策略的基本概念、算法设计步骤和设计模式；能够使用动态规划策略设计程序，解决实际应用问题。
- 熟悉并掌握回溯策略的基本概念、算法设计步骤和设计模式；能够使用回溯策略设计程序，解决实际应用问题。
- 熟悉并掌握分支限界策略的基本概念、算法设计步骤和设计模式；能够使用分支限界策略设计程序，解决实际应用问题。

16.1 课程实习

一、分治策略练习

1. 使用分治策略设计大整数乘法，计算 2521×8936。

(1) 用 C++ 语言写出程序代码。

（2）上机调试并测试你的程序。

【实习指导】

直接复用主教材例 16-2 的程序。

2. 使用分治策略设计任意长度大整数乘法。

（1）用 C++ 语言写出程序代码。

（2）上机调试并测试你的程序。

【实习指导】

使用一维数组保存大整数，数组的开始元素保存整数的正负信息，如 1 表示负整数，0 表示正整数。

3. 应用 Strassen 算法计算下列矩阵乘法：

$$\begin{bmatrix}1 & 9 & 6 & 7\\ 4 & 0 & 3 & 5\\ 8 & 2 & 0 & 1\\ 5 & 7 & 0 & 3\end{bmatrix}\times\begin{bmatrix}5 & 1 & 7 & 0\\ 9 & 6 & 4 & 4\\ 0 & 3 & 2 & 6\\ 4 & 8 & 9 & 7\end{bmatrix}$$

（1）用 C++ 语言写出程序代码。

（2）上机调试并测试你的程序。

【实习指导】

直接复用主教材例 16-1 的程序。

4．请实现求逆序次数的程序。

（1）用 C++ 语言写出程序代码。

（2）上机调试并测试你的程序。

【实习指导】

参考主教材例 16-3 中给出的程序实现思路。

二、贪心策略练习

1. 假设用面值为 25 分、10 分、5 分和 1 分的硬币，来支付 N 分钱，设计一个算法使支付硬币的枚数最少。

(1) 用 C++ 语言写出程序代码。

(2) 上机调试并测试你的程序。

【实习指导】

使用贪心策略设计算法。

2. 考虑下面的任务安排问题，其中的活动编号、开始时间和结束时间如表 16-1 所示，使用任务安排算法，从所给的活动集合中选出最大的相容活动子集合。

表 16-1 任务安排问题

活动 i	1	2	3	4	5	6	7	8	9	10	11
开始时间 s_i	1	3	0	5	3	5	6	8	8	2	12
结束时间 f_i	4	5	6	7	8	9	10	11	12	13	14

（1）用 C++ 语言写出程序代码。

（2）上机调试并测试你的程序。

【实习指导】

直接复用主教材例 16-4 的程序。

3. 考虑下面的任务调度问题，其中任务编号、截止时间和奖励如表 16-2 所示，完成一项任务需花费一个单位时间，使用任务调度算法，最大化总奖励。

表 16-2　任务调度问题

作业编号	截止时间	奖　　励
1	2	40
2	4	15
3	3	60
4	2	20
5	3	10
6	1	45
7	1	55

(1) 用C++语言写出程序代码。

(2) 上机调试并测试你的程序。

【实习指导】

直接复用主教材例16-5的程序。

三、动态规划策略练习

1. 应用动态规划策略,求解如表16-3所示的0-1背包问题实例。物品数量为5,背包承重量为6。

表16-3　0-1背包问题实例

物　品	重　量	价　值
1	3	25
2	2	20
3	1	15
4	4	40
5	5	50

（1）用 C++ 语言写出程序代码。

（2）上机调试并测试你的程序。

【实习指导】

直接复用主教材例 16-8 的程序。

2. 应用动态规划策略，求如图 16-1 所示的从结点 A 到结点 J 的最短路径。

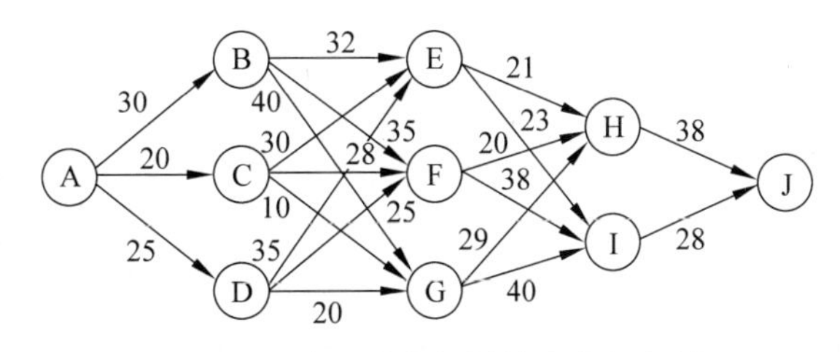

图 16-1　应用动态规划策略求解实例

（1）用 C++ 语言写出程序代码。

（2）上机调试并测试你的程序。

【实习指导】

参考主教材中例 16-7 的程序。

3. 已知字符序列 A＝xyzzyxzyxxyx，B＝zyxxyyzyxyzy，求序列 A 和 B 的最长公共子序列。

（1）用 C++ 语言写出程序代码。

（2）上机调试并测试你的程序。

【实习指导】

直接复用主教材例 16-9 的程序。

四、回溯策略练习

1. 使用回溯策略求解子集和问题的以下实例：S={1,2,4,5}，d=11。

（1）用 C++ 语言写出程序代码。

（2）上机调试并测试你的程序。

【实习指导】

参考主教材中例 16-11。

2. 根据四皇后问题的例子，使用回溯策略设计并实现 n 皇后问题的算法。

（1）用 C++ 语言写出程序代码。

（2）上机调试并测试你的程序。

【实习指导】

参考主教材例 16-10。

五、分支限界策略练习

1. 求解下面的任务分配问题实例。

$$
\begin{array}{c} \\ \text{人员 a} \\ \text{人员 b} \\ \text{人员 c} \\ \text{人员 d} \end{array}
\begin{array}{c} \begin{array}{cccc} \text{任务一} & \text{任务二} & \text{任务三} & \text{任务四} \end{array} \\ \begin{bmatrix} 7 & 3 & 4 & 4 \\ 6 & 4 & 8 & 8 \\ 5 & 1 & 3 & 3 \\ 3 & 7 & 1 & 6 \end{bmatrix} = C \end{array}
$$

(1) 用 C++ 语言写出程序代码。

(2) 上机调试并测试你的程序。

【实习指导】

参考主教材例 16-12。

2. 求解 c=20, v={11, 8, 15, 18, 12, 6}, w={5, 3, 2, 10, 4, 2}(c 为背包的容量, v 为物品的价值,w 为物品的重量)的 0-1 背包问题,并画出解空间树,输出最优解和最大价值。

（1）用 C++ 语言写出程序代码。

（2）上机调试并测试你的程序。

【实习指导】

参考主教材例 16-13。

16.2　课后习题

1. 填空题

（1）分治策略是一类算法设计策略，它将原问题分解成若干部分，从而产生若干子问题，这些子问题________且与原问题________，然后解决这些子问题，最后把这些子问题的解合并成原问题的解。

（2）如果各子问题之间不独立，算法需要重复地求解公共子问题，此时一般用________策略。

（3）采用分治策略的算法设计都包括________、________和________ 3 个步骤。

（4）________问题是在满足一定的限制条件下，对于一个给定的优化函数，寻找一组参数值，使得函数值最大或最小。

（5）每个最优化问题都包含一组限制条件和一个优化函数，符合限制条件的求解方案称为________,使优化函数取得最大(小)值的可行解称为________。

(6) 问题的________性质是该问题可以用贪心策略或者动态规划策略求解的关键特征。

(7) 若一个问题的全局最优解可以通过一系列局部最优的选择得到,则称该问题具有________。

(8) 如果一类活动过程可以分为若干个互相联系的阶段,在每一个阶段都需做出决策(采取措施),一个阶段的决策确定以后,常常影响到下一个阶段的决策,从而就完全确定了一个过程的活动路线,则称它为________问题。

(9) ________是确定过程由一个状态到另一个状态的演变过程,描述了状态转移规律。

(10) 用于衡量所选定策略优劣的数量指标称为________。

(11) 通过搜索问题的所有候选解以找到问题的解的方法称为________,也称为________。

(12) 回溯策略会剪掉________中的分支,使问题在可以接受的时间内求解。

(13) 对于大根堆,每个结点的键值都要________其孩子结点的值。

2. 判断题

(1) 在分治策略中,要求所有子问题的解能够合并成原问题的解。 (　　)

(2) 大整数乘法可以利用动态规划策略实现。 (　　)

(3) 使用贪心策略可以得到最短路径问题的最优解。 (　　)

(4) 使用动态规划策略可以得到最短路径问题的最优解。 (　　)

(5) 能用动态规划算法求解的问题不一定能用贪心法来求解。 (　　)

(6) 0-1 背包问题可以使用贪心策略得到问题的最优解。 (　　)

(7) 背包问题可以使用贪心策略得到问题的最优解。 (　　)

(8) 用动态规划方法解题,原问题必须能划分为若干阶段。 (　　)

(9) 回溯策略的基本思想是在搜索过程中,当探索到某一步时,发现原先的选择不是最优或达不到目标,就退回到上一步重新选择。 (　　)

(10) 分支限界策略采用的是深度优先搜索方式。 (　　)

(11) 分支限界策略只能用于优化问题。 (　　)

(12) 使用分支限界策略可以解决 0-1 背包问题。 (　　)

16.3 课后习题参考答案

1. 填空题

(1) 互相独立、类型相同　(2) 动态规划　(3) 分解、求解、合并

(4) 最优化　(5) 可行解、最优解　(6) 最优子结构

(7) 贪心选择性　(8) 多阶段决策　(9) 状态转移方程

(10) 指标函数　(11) 搜索法、枚举法　(12) 解空间树

（13）大于或者等于

2. 判断题

（1）√　（2）×　（3）×　（4）√　（5）√
（6）×　（7）√　（8）√　（9）√　（10）×
（11）√　（12）√

附录 A　使用 Visual Studio 2010 集成开发环境开发和调试程序

A.1　Visual Studio 2010 集成开发环境简介

用于开发 C++ 程序的集成开发环境有多种。微软公司开发的 Visual Studio 2010(简称 VS 2010)是一个面向对象、能自动生成程序框架、可视化、功能强大的程序开发系统。

VS 2010 的安装过程几乎是自动进行,在此不再赘述。

图 A-1 是 VS 2010 集成开发环境。

图 A-1　VS 2010 集成开发环境

VS 2010 集成开发环境的各部分组成如下。

- 标题条：显示当前开发的应用程序名,形式为:

应用程序名-Microsoft Visual Studio

- 菜单栏：包含文件、编辑、视图、项目、生成、调试、团队、数据、工具、体系结构、测试、分析、窗口、帮助等菜单，可完成 VS 2010 的所有功能。
- 工具条：包含若干图形按钮和下拉式列表框，对应于某些常用的菜单项或命令的功能，简单形象，可方便用户操作。
- 解决方案资源管理器：用于组织和选择项目、文件等。
- 编辑区：用于编辑程序的源代码和资源。
- 工具区：包含工具箱、服务器资源管理器等可以滑出的隐藏页面。
- 输出区：包含输出、代码定义窗口和调用浏览器等页面，用于显示操作的结果和出错信息、相关定义和帮助信息等。
- 状态条：显示当前操作或所选菜单/图标的提示信息。

为了高效地管理开发工作的各项，如文件夹、文件、引用以及数据连接等，VS 2010 提供了两个容器：**解决方案**(Solution)和**项目**(Project，又称工程)。**解决方案**是 VS 2010 中最外层的容器，它对应一个具体的完整的应用程序。例如，使用 VS 2010 开发一个学生信息管理系统，整个学生信息管理系统对应的就是一个解决方案。一个解决方案包含一个或多个**项目**。对于简单的应用程序，它的解决方案仅包含一个项目。对于较复杂的应用程序，解决方案一般会包含多个项目。这些项目分别解决不同层面的问题，即应用程序的不同模块，它们共同构成一个完整的应用程序。查看和管理这些容器及其关联项的界面是**解决方案资源管理器**(Solution Explorer)，它是集成开发环境的一个重要部分。

解决方案资源管理器提供项目及其文件的有组织的视图，并且提供对项目和文件相关命令的便捷访问。与此窗口关联的工具栏提供适用于列表中所选项的常用命令。如果 VS 2010 环境中没有显示“解决方案资源管理器”，在“视图”菜单中选择“解决方案资源管理器”选项即可打开解决方案资源管理器。

解决方案资源管理器以树形视图的形式显示当前解决方案所包含的项目以及项目中所包含的项。每个项目模板都提供了自身默认的文件夹和文件等项，用户可以添加新的项以满足各个开发项目的需要，如图 A-2 所示。

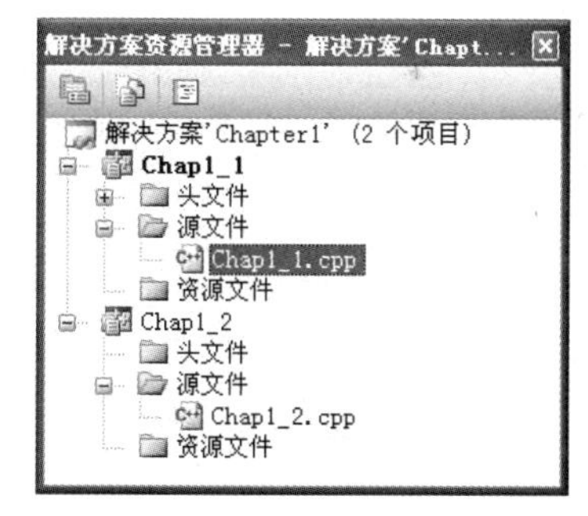

图 A-2　解决方案资源管理器

在解决方案资源管理器中双击某个文件，即可在编辑器中打开该文件进行编辑。通过解决方案资源管理器还可以进行添加项、移除项等其他管理操作。

1. 添加项目到解决方案

创建项目时会自动生成一个解决方案。在当前解决方案中添加新的项目有两种方法。

(1) 方法 1：在解决方案资源管理器中选中要添加项目的解决方案，右击将弹出如图 A-3 所示的快捷菜单，单击“添加”选项，在子菜单中选择“新建项目”将添加一个新的项目；选择“现有项目”会将一个已经存在的项目添加到解决方案中。

(2) 方法 2：通过“文件”菜单中的“添加”选项，也可以将新建的项目或现有的项目添加到解决方案中。

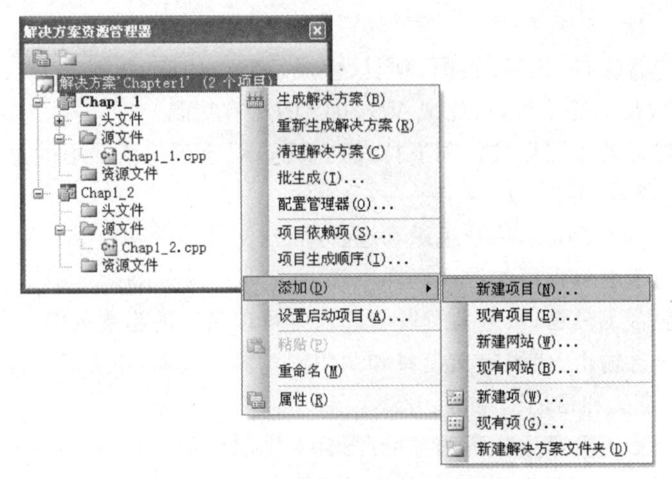

(a) 添加项目方法1

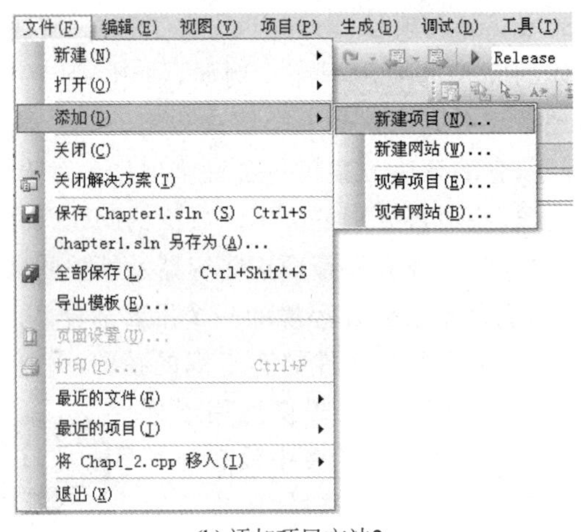

(b) 添加项目方法2

图 A-3　向资源管理器添加项目

2. 移除或重命名项目

要将某个项目从解决方案中移除或对项目重新命名，可以在解决方案资源管理器中选中该项目，右击打开快捷菜单，然后单击“移除”选项或“重命名”即可。重命名项目如图 A-4 所示。

注意：移除只是将指定项目排除在解决方案之外，该项目并没有彻底从磁盘中删除。

3. 为项目添加项

通过解决方案资源管理器可以为项目添加文件夹和文件等新项。方法是在解决方案资源管理器中选中项目，右击打开该项目的快捷菜单。然后单击“添加”选项，在出现的子菜单中选择要添加的项类型，如图 A-5 所示。

图 A-4　重命名项目

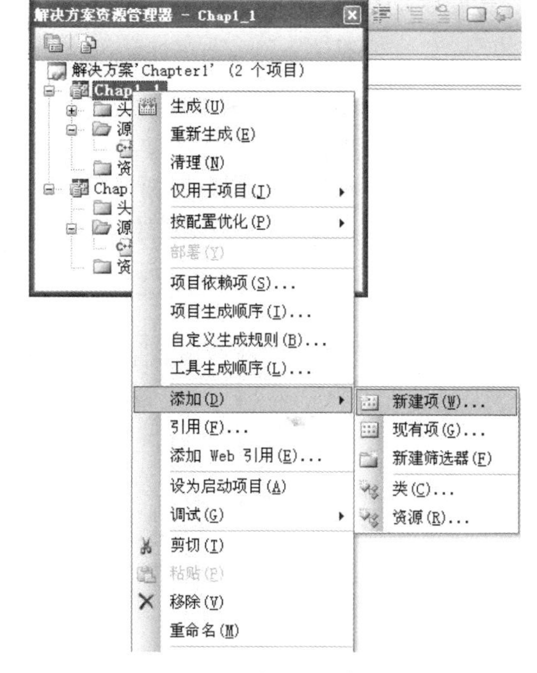

图 A-5　为项目添加项

4. 将项从项目中移除或重命名

要将某个文件或文件夹等项从项目中移除或重新命名，方法是选中该项，右击打开该项的快捷菜单，如图 A-6 中(a)图所示(对于不同类型的项，该快捷菜单会有所不同)。选择"移除"或"重命名"选项可以将该项从项目中移除或重新命名。选择"移除"后，出现如图 A-6 中(b)图所示的对话框，选择"移除"按钮将指定项从项目中移除，但并不从磁盘空间中删除；选择"删除"按钮后则彻底从磁盘中删除该项。

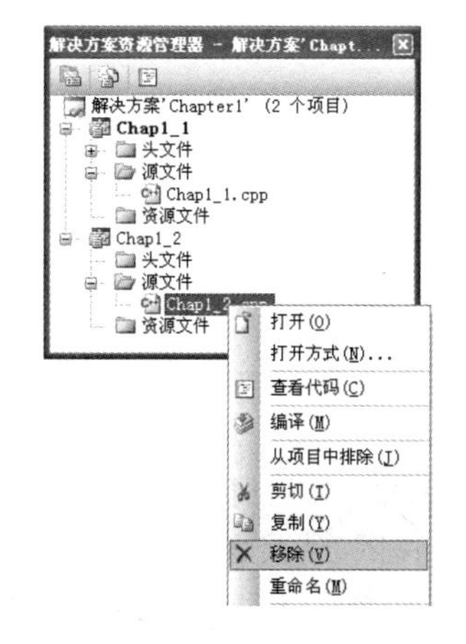

(a) 打开快捷菜单

(b) "移除"对话框

图 A-6　移除项目中的文件

5. 设置启动项目

在解决方案资源管理器中,如果某个项目的名称以粗体字显示,则表明该项目是启动项目,即启动 VS 2010 调试器时,启动项目会自动运行。默认情况下,解决方案中创建的第一个项目被指定为启动项目。用户也可以自行指定哪个项目为启动项目,方法是选择要设置的项目,右击打开该项目的快捷菜单,选择"设为启动项目"选项,如图 A-7 所示,则该项目即被设置为启动项目,它的名称将以粗体字显示。

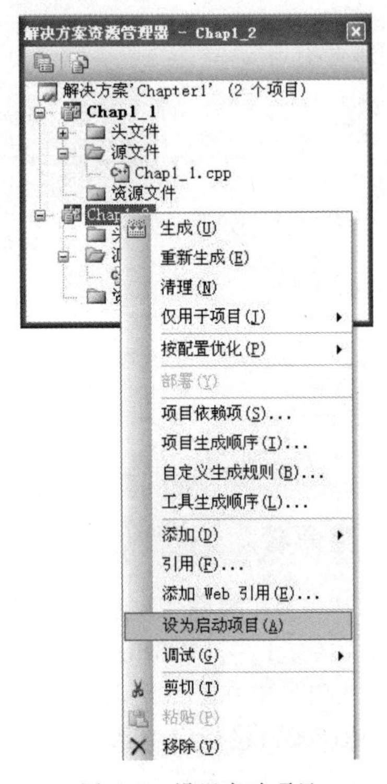

图 A-7　设置启动项目

A.2　开发 C++ 程序的基本过程

开发一个 C++ 程序的基本过程可分为 3 个阶段。

1. 分析问题,建立问题的模型,确定算法

首先要对具体问题进行深入的分析、研究,建立起问题的模型,找出解决问题应采取的方法与步骤——算法;然后将算法用某种形式(如自然语言、流程图、伪代码等)表示出来,这是最关键的一步。应当养成一种好习惯:**先设计算法,后编写程序**。不要拿到题目就马上动手写程序。

算法可分为两大类:数值算法和非数值算法。前者是求数值解,如求一个方程的根,求一个函数的定积分等;后者如排序、检索、事务管理等,内容十分广泛。

2. 编写程序

对已写出的算法编写成计算机程序，即**编码**。

3. 上机调试

上机调试包括创建源程序文件，对源程序文件进行编译、连接和执行等步骤。当程序能够执行后，还需要用实际的输入数据进行测试，发现并修改程序(算法)中的逻辑错误。程序调试完毕，经过一段时间的试运行，不再发现新的问题后才可以交付使用。

下面举例说明如何建模和确定算法。

【例 A-1】 判断一个整数 n 能否同时被 3 和 5 整除。

问题分析：若判断一个整数 n 能否同时被 3 和 5 整除，只要让 n 分别被 3 和 5 除，如果余数都为 0，则能同时被 3 和 5 整除；否则，不能同时被 3 和 5 整除。

用自然语言描述算法如下：

① 定义变量 n，并输入 n。

② n 被 3 除，如果余数为 0，则执行第③步；否则，执行第⑤步。

③ n 被 5 除，如果余数为 0，则执行第④步；否则，执行第⑤步。

④ 输出"n 能同时被 3 和 5 整除"，执行第⑥步。

⑤ 输出"n 不能同时被 3 和 5 整除"。

⑥ 结束。

用流程图描述算法，如图 A-8 所示。

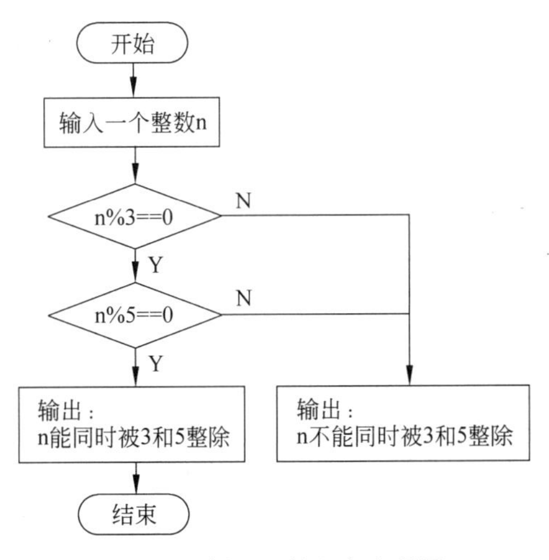

图 A-8　例 A-1 的程序流程图

A.3　使用 Visual Studio 2010 创建 C++ 程序的一般方法

使用 VS 2010 创建一个 C++ 程序可分为 3 步：创建一个空项目；创建 C++ 源程序文件；对源程序文件进行编译、连接和运行。

1. 创建项目

开发一个软件，相当于开发一个项目，项目的作用是协调组织好一个软件中的所有程序代码、头文件或其他额外资源。使用 VS 2010 开发 C++ 程序的第一步是创建一个项目。操作步骤如下。

(1) 单击图 A-1 左上角的“文件”菜单，然后选择“新建”选项，再在出现的子菜单中选择“项目”选项，出现如图 A-9 所示的对话框。

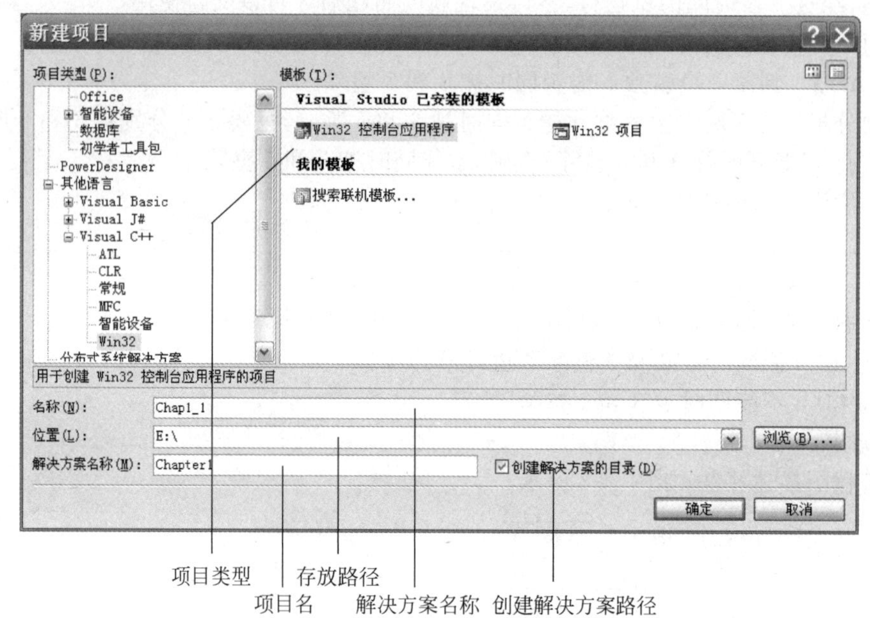

图 A-9 “新建项目”对话框

(2) 在图 A-9 左上角选择要设计的项目类型。我们要学习的是控制台应用程序，需要选择的项目类型是“Win32”和右侧列表中的“Win32 控制台应用程序”。

(3) 在图 A-9 的“名称”区域输入项目名(此例项目名为 Chap1_1，注意不要输入扩展名)。在“位置”区域输入项目文件要存储的路径。

(4) 在“解决方案名称”区域输入解决方案名(此例解决方案名为 Chapter1)，单击“确定”按钮，出现的项目向导对话框如图 A-10 所示。单击图 A-10 中的“下一步”按钮。

(5) 在出现的如图 A-11 所示的项目向导对话框中选择“空项目”选项，然后单击“完成”按钮，完成新项目 Chap1_1 的创建。

2. 创建和编辑源文件

在完成创建新项目的操作后，就有了一个完全空白的项目。接下来要为项目添加一个 C++ 源文件(*.CPP)，并输入相应的代码。其操作步骤如下。

(1) 单击图 A-1 中“项目”菜单，选择“添加新项”选项，或者在图 A-1 中的解决方案资源管理器中，右击“源文件”文件夹，然后选择“添加”→“新建项”，都会弹出如图 A-12 所示的“添加新项”对话框。

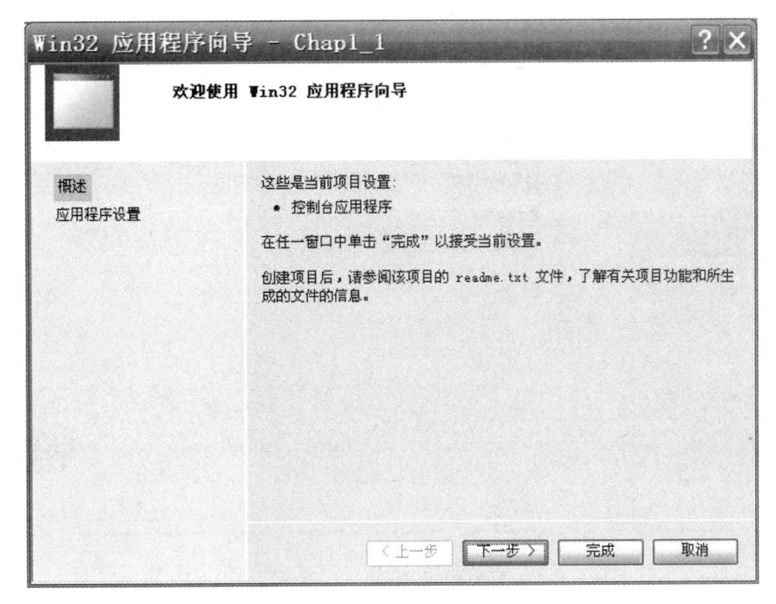

图 A-10　项目向导对话框 1

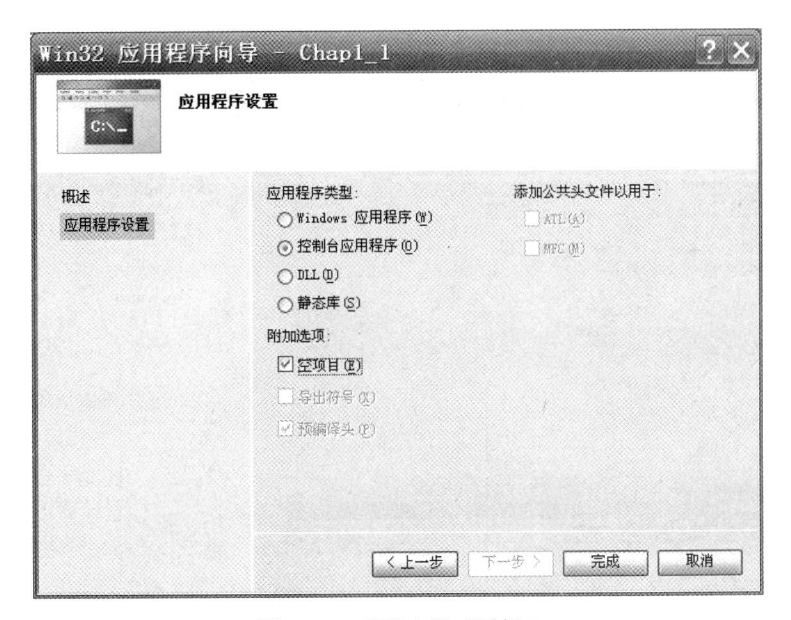

图 A-11　项目向导对话框 2

(2) 在图 A-12 中左侧的"类别"区域中选择"代码"类型，在右侧选择"C++ 文件(.cpp)"文件类型。

(3) 在"名称"区域输入文件名(此例文件名为 Chap1_1.cpp，可以不输入扩展名".cpp"，VS 2010 会自动加上".cpp"后缀)，在"位置"区域输入该文件存放的路径。

(4) 单击"添加"按钮。此时在"解决方案资源管理器"区域的"源文件"文件夹中添加了一个名为"Chap1_1.cpp"的新文件。在代码编辑窗口输入该文件的代码。如图 A-13 所示。

(5) 按工具栏上的 按钮或"文件"菜单的"保存 Chap1_1"，此 C++ 源文件被保存在前

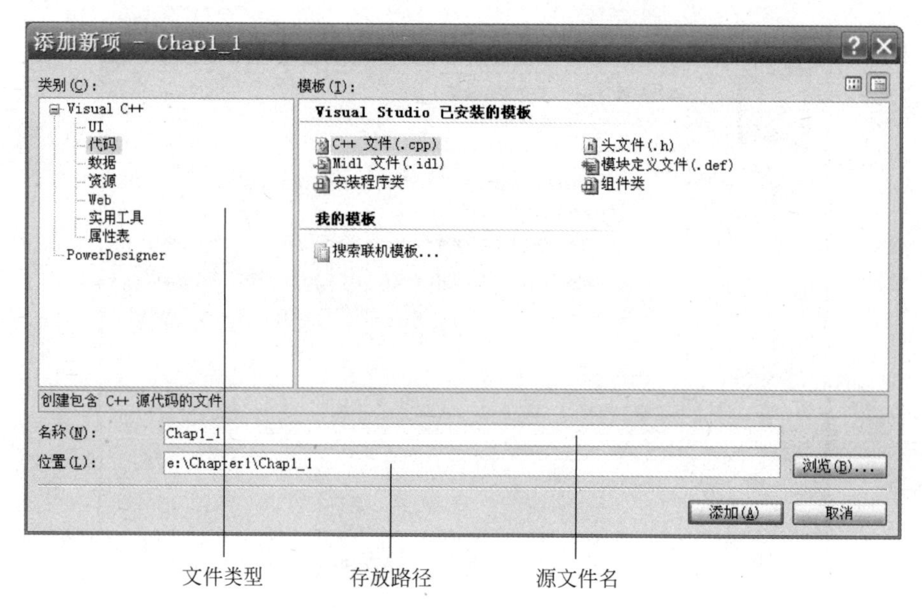

图 A-12 “添加新项”对话框

面设定的文件夹中。

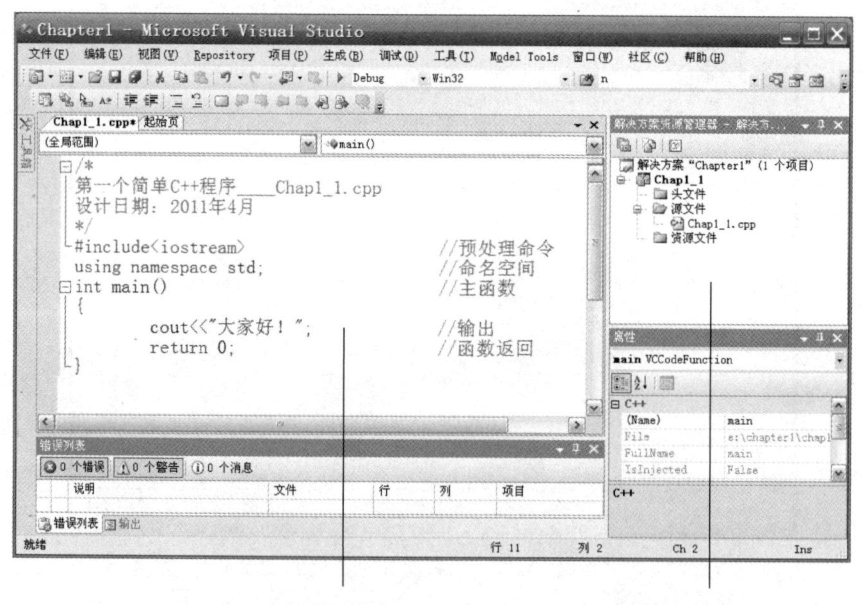

图 A-13 C++源文件的编辑、保存及项目的“解决方案资源管理器”

在“解决方案资源管理器”区，可以查看该解决方案所有项目的所有文件。如在图 A-13 中可以看到项目 Chap1_1 有 3 个文件夹：“头文件”文件夹下存放该项目的头文件，头文件中存放的是预先定义好的内容；“源文件”文件夹下存放该项目的 C++ 源文件，C++ 源文件的扩展名为“.cpp”；“资源文件”文件夹存放该项目的其他（如图像、文本等）文件。注意，这里的文件夹结构只是项目中文件的分类，并不是硬盘上文件夹的结构。

3. 编译运行程序

在集成开发环境中对源程序进行编译连接和运行程序。

(1) 编译连接。

选择“生成”菜单下的“生成解决方案”命令(或直接按 F6 键),如果程序代码没有语法错误,完成程序的编译和连接工作后,会直接生成可执行程序的可执行文件。图 A-14 为上面的程序代码通过编译连接后在输出窗口显示的信息。由于默认的调试模式是 Debug,所以 VS 2010 会把产生的中间文件和最终生成的“项目名.exe”可执行文件存储在当前解决方案文件夹下的 Debug 子文件夹下。

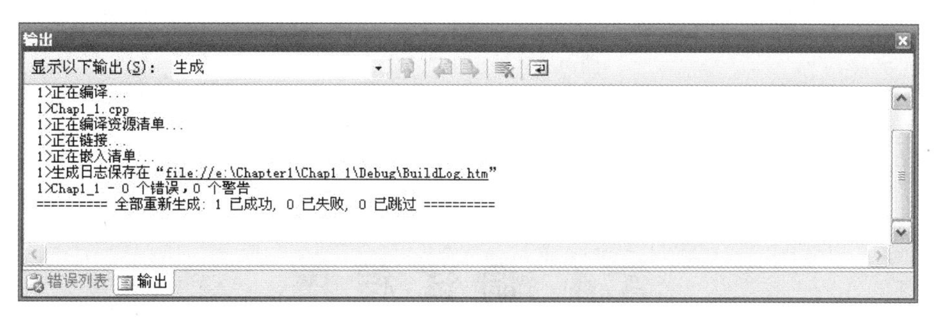

图 A-14　输出窗口显示编译结果

(2) 测试执行程序。

选择“调试”菜单下的“开始执行”(可直接按 F5 键或按工具栏上的 ▶ 按钮)。此时,程序执行完后会一闪而过。如果要看到程序的执行结果,则需选择“调试”菜单下的“开始执行(不调试)”(或直接按 Ctrl+F5 键)。图 A-15 是上面程序的运行结果。

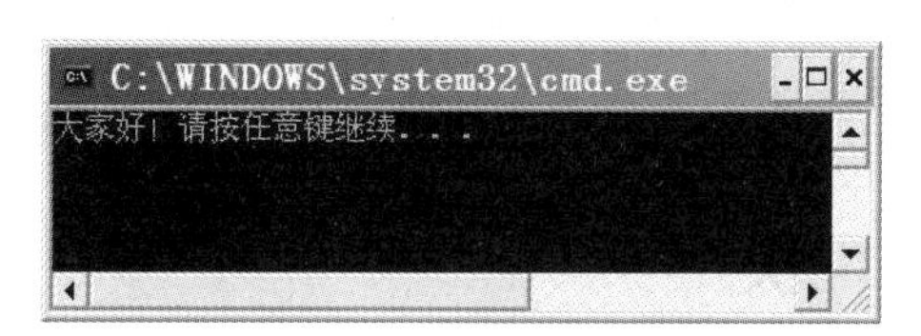

图 A-15　程序运行结果

运行结果窗口中的“大家好!”是程序将“大家好!”输出到屏幕上。“请按任意键继续…”是 VS 2010 开发环境在程序运行结束后的提示,即按任何一个键可返回到开发环境。

注意:*在编译或连接时,如果发现错误,则显示出错信息。按功能键 F4,光标将自动指向错误源代码所在的行,根据提示进行修改后,再重新进行编译和连接,直到源代码没有错误为止。*

4. 创建程序的发行版

如果程序经调试后没有问题了,需要创建不含调试信息、文件较小且运行速度快的发行版(Release)的可执行文件。选择“生成”菜单下的“批生成”选项,会出现如图 A-16 所示的对话框。选中 Release,然后单击图 A-16 中的“生成”或“重新生成”就会在当前项目所在目录的 Release 子目录下产生发行版的可执行文件。

图 A-16 “批生成”对话框

创建发行版的可执行文件，也可以在工具栏上直接选择 Release 调试方式图标 Release，然后选择“生成”菜单下的“生成解决方案”(或直接按 F6 键)。

A.4 调试程序

调试程序是指查找和排除程序中的错误。程序调试是一项细致深入的工作，需要下工夫、动脑筋。

写好一个程序之后，首先要进行人工检查，即静态检查，从中发现那些由于疏忽大意而造成的错误。作为一个程序设计人员应该养成严谨的科学作风，每一步都要严格把关，不要把问题都留给计算机去处理，因为那样会浪费大量机时。人工检查无误后，再上机进行动态调试，这样可以充分利用机时，显著地提高工作效率。

A.4.1 程序中错误的类型

C++ 语言功能强大，使用方便灵活，为了给程序设计人员留出“灵活”的余地，C++ 编译器对语法的检查不像其他高级语言那样严格，因此，往往需要由编程者自己设法保证程序的正确性。调试一个 C++ 程序要比调试其他语言程序更困难一些，需要在实践中不断积累经验，逐步提高程序设计和程序调试水平。

在软件开发过程中，程序调试是一个必不可少的环节。所谓的**“三分编程七分调试”**，就说明程序调试不仅重要，而且工作量也相当大。

程序中的错误可分为两类：语法错误和逻辑错误。

1. 语法错误

语法错误是指违背语法规则的错误。例如，语句末尾遗漏了分号，关键字拼写错误，没有定义过的变量名，参数类型或个数不匹配，等等。对于这类错误，在编译、连接阶段系统能够发现并在输出窗口中显示错误信息。错误信息的形式为：

```
文件名(行号):错误代码:错误内容
```

例如,编译源程序 p1.cpp 时,输出窗口出现的信息:

```
1>C1_1 -1 error(s), 0 warning(s)
==========Build: 0 succeeded, 1 failed, 1 up-to-date, 0 skipped ==========
```

指出文件中有 1 处错误,按 F4 键,光标移到出错行行首,输出窗口中对应显示的出错信息:

```
1>d:\mysolution\c1_1\p1.cpp(7) : error C2144: syntax error : 'int' should be
preceded by ';'
```

意思是在 d:\mysolution\c1_1\c1_1\p1.cpp 文件的第 7 行有一个 C2144 错误,在"int"之前遗漏了一个";"。实际上,是它前一行"using namespace std"后少了一个";"。

在输出窗口中,双击任意一条错误信息,插入点即可定位到错误所在位置。可见,语法错误不难排除。需要注意的是:

- 有时系统不能准确地定位错误所在的位置。如果在定位的位置找不到错误,可在附近查找(多数情况是在指定位置的前面)。
- 有时提示多条错误信息,实际上可能只有一两处错误。只要纠正了第 1 条错误,再进行编译时后面的错误多数已经消失。因此,当出现多处错误时,要从前向后一个一个地修改,修改一条,编译一次。

除了错误信息外,编译器还可能给出警告(warning)信息。如果只有警告信息而没有错误信息,则程序还是可以运行的,但是很可能存在某种潜在的错误,而这些错误是不违反 C++ 语法规则的。例如,程序中如果有语句"int a=1.5;",则编译时就会显示警告信息,这种赋值语句会导致数据的错误(a 的值不是 1.5 而是 1)。可见,对于警告信息也应该给予充分的注意。

下面将学习程序设计时容易犯的错误列举如下,提醒初学者加以注意。

(1) 在源码中遗失分号";"。例如:

```
int main()
{
    int n=100 //缺少分号";"
    cout<<n<<endl;
    return 0;
}
```

编译器显示的相应错误信息是:

```
error C2146: syntax error : missing ';' before identifier 'cout'
```

(2) 在程序中使用中文符号,如将英文分号";"错误输入成了中文分号";"。例如:

```
int main()
{
    int n=100;            //英文分号写成了中文分号";"
    cout<<n<<endl;
```

```
    return 0;
}
```

编译器显示的相应错误信息是：

```
error C2065: ';' : undeclared identifier
```

在 C++ 中，除程序注释和字符串中的文字可以采用中文外，其余字符都要求使用英文。

(3) 使用了未定义的变量。例如：

```
int main()
{
    n=100 ;
    cout<<n<<endl;
    return 0;
}
```

编译器显示的相应错误信息是：

```
error C2065: 'n' : undeclared identifier
```

程序中变量 n 没有定义就赋值。C++ 程序中的所有变量必须“先定义，后使用”，定义就是说明变量的类型，系统为其分配相应的存储空间。C++ 是强类型语言，即使用数据之前，要声明数据的类型，其好处是编译器能够检查出数据类型方面的错误。

(4) 使用变量名时，忽视了大写字母与小写字母的区别。例如：

```
int main()
{
    int n=100;
    cout<<N<<endl;
    return 0;
}
```

编译器显示的相应错误信息是：

```
error C2065: 'N' : undeclared identifier
```

定义了变量 n，使用时写成 N，实际上 n 和 N 表示两个不同的变量。

(5) 缺少宏包含编译预处理命令“#include <iostream>”和“using namespace std;”，则 cout、cin、endl 等在命名空间中定义的标识符无法使用。

编译器显示的相应错误信息是：

```
error C2065: 'cout' : undeclared identifier
```

(6) 对于流操作的方向搞错是一个普遍错误，即在使用输入输出流的时候错误使用了>>和<<运算符。例如：

```
cout>>a;
cin<<a;
```

(7) 忽视了字符与字符串的区别。例如：

```
char ch;
ch="A";
```

编译器显示的相应错误信息是：

```
error C2440: '=' : cannot convert from 'char [2]' to 'char'
```

ch 是字符型变量，只能存放 1 个字符，而"A"是字符串，它包含 2 个字符('A'和'\0')。应改为“ch='A';”。

(8) 不该加分号的地方加了分号。例如：

```
if(a>b);      //这里不能加分号
   cout<<a<<endl;
else
   cout<<b<<endl;
```

编译器显示的相应错误信息是：

```
error C2181: illegal else without matching if
```

(9) 圆括号“()”没有成对出现。当使用多层括号时，要认真检查左括号与右括号是否成对。例如：

```
char  c=1;
while((c=getchar() !='#' )       //少一个右括号
   cout<<c;
```

编译器显示的相应错误信息是：

```
error C2146: syntax error : missing ')' before identifier 'cout'
```

(10) 花括号“{}”没有成对出现。例如：

```
int main()
{
   int n=100;
   cout<<n<<endl;
   return 0;
//缺少右花括号
```

编译器显示的相应错误信息是：

```
fatal error C1075: end of file found before the left brace '{' at  '源文件(行数)' was
matched
```

例如：

```
void main()
//缺少左花括号
   int n=100;
   cout<<n<<endl;
}
```

编译器显示的相应错误信息是：

```
error C2144: syntax error : 'int' should be preceded by ';'
error C2143: syntax error : missing ';' before '<<'
error C4430: missing type specifier - int assumed. Note: C++ does not support default-int
error C2059: syntax error : 'return'
error C2059: syntax error : '}'
error C2143: syntax error : missing ';' before '}'
error C2059: syntax error : '}'
```

虽然出现了7条错误信息，其实就是由于缺少了一个左花括号。

当使用多层花括号时，更要认真检查左花括号与右花括号是否成对。

(11) 定义的变量类型与使用不对应。例如：

```
int i;
float p=3.14;
i=p;
```

编译器显示的相应错误信息是：

```
warning C4305: 'initializing' : truncation from 'double' to 'float'
warning C4244: '=' : conversion from 'float' to 'int', possible loss of data
```

将变量p声明为float类型，但实际赋给了一个double类型的值，将变量i声明为int类型，但实际赋给了一个float类型的值。这类错误是警告错误，表示可能会对程序产生影响。可根据实际情况进行修改或忽略此错误。

(12) 变量在赋值之前就使用。例如：

```
int a, b, c;
c=a+b;
cin>>a>>b;
cout<<c;
```

编译器显示的相应错误信息是：

```
warning C4700: uninitialized local variable 'a' used
warning C4700: uninitialized local variable 'b' used
```

这类错误虽然也是警告错误，但会对程序产生影响，必须改正。初学者产生这个错误的主要原因是没有理解程序的执行过程。

修改后的程序是：

```
int a, b, c;
cin>>a>>b;
c=a+b;
cout<<c;
```

(13) 对二维数组的定义和引用的方法不对。例如：

```
int x[3, 4];
…
cin>>x[0, 0];
```

二维数组或多维数组的每一维的下标都必须单独用一对方括号括起来。应改为：

```
int x[3][ 4];
…
cin>>x[0][ 0];
```

(14) 不知道字符数组与字符指针的区别。例如：

```
int main()
{
    char str[10];           //第 3 行
    str="Computer";         //第 4 行
    cout<<str<<endl;
    return 0;
}
```

编译器显示的相应错误信息是：

```
error C2440: '=' : cannot convert from 'char [9]' to 'char [10]'
```

其中，str 是数组名，代表数组的首地址，它是一个常量，不能给它赋值，因此第 4 行是错误的。如果把第 3 行改为"char * str;"，即 str 是指向字符数据的指针，则第 4 行是正确的，即将字符串的首地址赋给指针变量 str。

(15) 在函数定义时，圆括号"()"后面使用分号。例如：

```
void Chang();               //使用了分号
{
    …
}
```

编译器显示的相应错误信息是：

```
error C2447: '{' : missing function header (old-style formal list?)
```

(16) 函数声明/定义/调用参数个数不匹配。例如：

```
void Chang(int a,int b, float c)
{
    …
}
int main()
{
    …
    Chang(3,4);
    …
}
```

编译器显示的相应错误信息是：

```
error C2660: 'Chang' : function does not take 2 parameters
```

(17) 被调用的函数在调用位置之后定义，而又没有在调用之前进行函数声明。例如：

```
void main()
{
    …
    Chang(3,4,2.5);
    …
}
void Chang(int a,int b, float c)
{
    …
}
```

编译器显示的相应错误信息是：

```
error C3861: 'Chang': identifier not found
error C2365: 'Chang' : redefinition; previous definition was 'formerly unknown
identifier'
```

改正方法有两种：一是在调用 Chang 函数的语句或函数前添加函数声明语句 void "Chang(int a,int b, float c)"；二是把函数 Chang 的定义移到主函数之前或调用该函数的语句前。

(18) 将最大下标等同于数组元素个数。例如：

```
int a[10];
for( int i=-1;i<=10;i++)
    a[i]=i * i;
```

因为数组元素的最小下标规定为 0，所以最大下标等于元素个数减 1，而不是元素个数。

编译器对数组下标越界并不进行检查，不会报告错误信息。同样，下标如果小于 0，编译器也不会报告错误信息。

(19) 使用没有明确指向的指针。例如：

```
int *p;
*p=100;
```

编译器显示的相应错误信息是：

```
warning C4700: uninitialized local variable 'p' used
```

把 100 存入 p 指向的存储单元，而 p 指向何处并不知道，这样就很可能破坏程序或数据。虽然编译器给出的是警告错误，但这类错误必须改正。

(20) 没有进行指针的合法性检验。例如：

```
int main()
{
```

```
    int n, *p;
    cout<<"请输入数组元素个数:";
    cin>>n;
    p=new int[n];
    …
}
```

这里能通过编译,但可能隐藏着难以发现的错误,如果堆内存(动态数据区)剩余空间不足,则返回一个空指针。预防发生这类问题的方法是对指针的合法性进行检验。将语句“p=new int[n];”修改为:

```
if((p=new int[n])==NULL)
{
    cout<<"动态分配内存未成功"<<endl;
    exit(1);
}
```

(21) 混用不同类型的指针。例如:

```
int a=5, *p1;
double b=0.5, *p2;
p1=&a;
p2=&b;
p2=p1;
```

编译器显示的相应错误信息是:

```
error C2440: '=' : cannot convert from 'int *' to 'double *'
```

最后一个语句试图使p2也指向a,但p2是指向double型变量的指针,不能指向整型变量。指向不同类型的指针之间的赋值必须进行强制类型转换,即此语句可以改为:

```
p2=(double *)p1;
```

(22) 在一个工程中包含多于一个的main()函数。

如果在一个源文件中包含两个或两个以上的main函数,则编译器显示的相应错误信息是:

```
error C2084: function 'int main(void)' already has a body
```

如果在不同的源文件中包含了两个或两个以上main函数,则编译器不会找到错误,但连接器由于包含多个main函数而无法将多个.obj文件连接成可执行文件,显示的相应错误信息是:

```
error LNK2005: _main already defined in p1.obj
```

(23) 混淆结构体类型与结构体变量的区别,为一个结构体类型赋值。例如:

```
struct Student
{
```

```
    long num;
    char name[20];
    char sex;
    int age;
};

void main()
{
    Student.num=20051127;
}
```

编译器显示的相应错误信息是：

```
error C2143: syntax error : missing ';' before '.'
```

上面只定义了结构体类型 struct Student，而未定义结构体变量。不能为结构体类型赋值，只能为结构体变量的各成员赋值。应改为：

```
struct Student
{
    long num;
    char name[20];
    char sex;
    int age;
};

void main()
{
    Student stu;
    stu.num=20051127;
}
```

(24) 类声明后没有分号。例如：

```
class Student
{
    long num;
    char name[20];
    char sex;
    int age;
}                                //此处没有加分号

int main()
{
    Student stu;
    …
}
```

编译器显示的相应错误信息是：

```
error C2628: 'Student' followed by 'int' is illegal (did you forget a ';'?)
error C3874: return type of 'main' should be 'int' instead of 'Student'
error C2664: 'Student::Student(const Student &)' : cannot convert parameter 1 from
'int' to 'const Student &'
```

虽然显示 3 条错误，其实仅仅是因为在声明类 Student 的最后少了分号。

(25) 混淆类类型与对象的区别，为一个类类型赋值。例如：

```
class Student
{
public:
    char m_number[7];
    char m_name[10];
    …
};

int main()
{
    strcpy(Student.m_number, "0801011");
    strcpy(Student.m_name, "刘明");
    …
}
```

编译器显示的相应错误信息是：

```
warning C4832: token '.' is illegal after UDT 'Student'
error C2275: 'Student' : illegal use of this type as an expression
```

上面只定义了类类型 class Student，而未定义该类类型的变量。不能为类类型赋值，只能为类类型的变量——对象的各成员赋值。应改为：

```
class Student
{
public:
    char m_number[7];
    char m_name[10];
    …
};

int main()
{
    Student stu;
    strcpy(stu.m_num, "0801011");
    strcpy(stu.m_name, "刘明");
    …
}
```

(26) 在类作用域外直接访问类的私有成员。例如:

```
class Student
{
    char m_name[10];
    …
};

int main()
{
    Student stu;
    strcpy(stu.m_name,"刘明");
    …
}
```

编译器显示的相应错误信息是:

```
error C2248: 'Student::m_name' : cannot access private member declared in class
'Student'
```

(27) 调用类的无参成员函数,不加小括号。例如:

```
class Student
{
    char m_number[8];
    char m_name[10];
public:
    void display()
    {
        cout<<m_number<<"  "<<m_name;
    }
    …
};

void main()
{
    Student stu;
    stu.display;          //函数调用缺少小括号
    …
}
```

编译器显示的相应错误信息是:

```
error C3867: 'Student:: display ': function call missing argument list; use
'&Student::display' to create a pointer to member
```

函数调用的形式是:函数名(实参表),对无参函数调用时不能缺少小括号,即函数调用形式是:函数名()。

(28) 调用构造函数。例如:

```
#include<iostream>
#include<string>
using namespace std;
class Student
{
    string m_number;
    string m_name;
public:
    Student(char * number, char * name )
    {
        m_number=number;
        m_name=name;
    }
    …
};

int main()
{
    Student stu("0801011","刘明");
    stu.Student("0801012","姚翔");     //试图调用构造函数
    …
}
```

编译器显示的相应错误信息是:

```
error C2274: 'function-style cast' : illegal as right side of '.' operator
```

类的构造函数在创建对象时,由系统自动调用一次。当一个对象已经产生,只能通过其他方法给对象的数据成员赋值,不能再次调用构造函数来修改对象的数据成员。

(29) 缺少无参构造函数。例如:

```
#include<iostream>
#include<string>
using namespace std;
class Student
{
    string m_number;
    string m_name;
public:
    Student(char * number, char * name )
    {
        m_number=number;
        m_name=name;
    }
    …
```

```
};
int main()
{
    Student stu1("0801011","刘明"), stu2;    //定义 stu2 对象时没有提供实参
    …
}
```

编译器显示的相应错误信息是：

```
error C2512: 'Student' : no appropriate default constructor available
```

此时，对象 stu2 需要无参的构造函数来创建。但是，由于 Student 类中已经定义了一个有两个参数的构造函数，系统不再提供默认的无参构造函数。所以，即使不对对象的成员进行任何初始化，也需要在 Student 类中再定义一个无参的构造函数：

```
Student(){}
```

2. 逻辑错误

逻辑错误是指程序中没有语法错误，但运行结果不正确。这种错误较难发现，需要仔细查找。例如，计算 s＝1＋2＋3＋4＋…＋100，程序中循环代码如下：

```
while ( i<=100)
    s=s+i;
    i++;
```

这里并没有语法错误，运行时却出现死循环。原因在于循环体应该只有 1 条语句，而这里有 2 条语句，实际上语句“i＋＋；”不能被执行，所以 i 的值不变，总是满足条件。循环体应该使用花括号构成复合语句。

逻辑错误的产生很少是由于粗心，更多的是由于算法本身就不正确。编译器是发现不了程序中的逻辑错误的。在大部分情况下，用户需要跟踪程序的运行过程才能发现程序中逻辑错误，找出算法的错误，这是最不容易修改的。最常见就是 Windows 操作系统经常发布补丁程序，发行补丁程序就是要修改之前没有发现的逻辑错误。

常见的逻辑错误有：运算符使用不正确，变量或表达式的值超出数据类型所能表示的数值范围，语句的先后顺序不对，条件语句的边界值不正确，循环语句的初值与终值有误，等等。发生逻辑错误的程序不会产生错误信息，需要程序设计者细心地分析阅读程序，并通过程序调试来发现逻辑错误。

高超的程序员在开发软件时也会犯错误，甚至是犯低级的语法错误，关键是能够快速找到错误并改正错误。初学者在发现错误时，由于不熟悉程序调试工具和调试技巧，往往不知道发生了什么错误，是由什么引起的错误，也就不知道如何修改错误。调试程序是一个艰苦、心细、又有技巧的事，只有经常上机多调试程序，不断地积累经验，才能提高程序调试技能，掌握一些调试技巧。例如，监视循环体时，只要监视循环开始的几次以及最后几次循环和循环体内的条件语句成立与否时的各变量的值，就可以知道该循环是否有逻辑错误，监视选择语句时关键是看条件成立与否的分界值。

下面是初学者常犯的一些逻辑错误。

(1) 变量或表达式的值超出数据类型所能表示的数值范围。例如：

```
int a, b;
a=200000;  b=100000;
cout<<a*b<<endl;
```

输出结果是一个负数(或者根本得不到计算结果)，发生逻辑错误。原因是表达式 a*b 的值已超出 int 型数据的范围。

(2) 误把赋值号“=”作为等号“==”使用。例如：

```
if(a=b)
    cout<<"a equal to b"<<endl;
```

该语句是要判断变量 a 和变量 b 是否相等，但是误用了赋值号“=”后，只要 b 不等于 0，赋值表达式 a=b 的值就不等于 0，因此满足条件，无论 a 是否等于 b，都输出“a equal to b”，发生逻辑错误。

(3) 不该加分号的地方加了分号。例如：

```
for (int i=1;i<=10;i++);                    //这里不能加分号
    cout<<i<<endl;
```

该语句是要向屏幕输出 1～10，但由于误加了一个分号，程序只向屏幕输出一个 11，发生逻辑错误。

(4) 复合语句没有加花括号。例如，试图通过下面的 for 循环一边为数组元素赋值，一边累加求元素的和：

```
for(i=1; i<=100; i++)
    s[i]=i*i;
    sum=sum+s[i];
```

由于语句“sum=sum+s[i];”未在循环体内，所以 sum 保存的是数组元素 s[101]的值，没有实现将 s[1]～s[100]的和累加到变量 sum 中的功能。发生逻辑错误，就是因为循环体中的两条语句没有加花括号。此语句应修改为：

```
for(i=1; i<=100; i++)
{
    s[i]=i*i;
    sum=sum+s[i];
}
```

(5) 试图用数组名代表数组中的全部元素。例如

```
int a[5]={1,2,3,4,5};
cout<<a;
```

数组名 a 表示数组的首地址，因此该程序输出的是数组的首地址，而不是数组中的全部元素。

(6) 对 switch 语句中 case 作用的误解。例如，下面程序是将输入的百分制成绩按规定

分为 5 个等级：90～100 分为 A；80～89 分为 B；70～79 分为 C；60～69 分为 D；0～59 分为 E。

```
int main()
{
    int s, g;
    cout<<"input s(0~100):";
    cin>>s;
    g=s/10;
    switch(g)
    {
        case 10:
        case 9: cout<<"A"<<endl;                //第 10 行
        case 8: cout<<"B"<<endl;
        case 7: cout<<"C"<<endl;
        case 6: cout<<"D"<<endl;                //第 13 行
        default: cout<<"E"<<endl;
    }
    return 0;
}
```

执行该程序时，输入 85，输出结果是 BCDE。为什么会得到 4 个等级呢？switch 语句的执行过程是：当变量 g 的值与某一个 case 后面的常量相等时，就执行该 case 后面的语句，执行完后继续执行下一个 case 后面的语句。“case 常量：”只起语句标号的作用，一旦找到入口标号开始执行，就不再进行判断，一直执行到 switch 语句结束。因此，对此程序应做如下修改：在第 10 行至第 13 行后各添加一条 break 语句，跳出 switch。例如：

```
case 9: cout<<"A"<<endl; break;
```

(7) 实参表达式求值规则。在 C++ 环境下进行函数调用时，系统对实参表达式按从右到左的顺序进行求值。在阅读程序或编写程序时务必注意这一特点。例如，函数 fun()的功能是比较两个整数的大小。当 x>y 时返回 1；x=y 时返回 0；x<y 时返回－1。执行下面程序后输出结果是什么？

```
int fun(int x, int y)
{
    int z;
    if(x>y)
        z=1;
    else if(x==y)
        z=0;
    else
        z=-1;
    return z;
}
```

```
int main()
{
    int a=1, b;
    b=fun(a, ++a);
    cout<<b<<endl;
    return 0;
}
```

在主函数的函数调用 fun(a,＋＋a)中,有两个实参表达式 a 和＋＋a。按从右到左的求值规则,两个表达式的值相等(都是 2),所以函数返回值是 0,即输出结果是 0。如果从左到右求值,则函数返回值为－1。

(8) 误认为实参的值随形参值的改变而改变。例如,下面程序是想通过调用函数 swap()交换 a 和 b 的值:

```
void swap(int x, int y);                        //函数声明
int main()
{
    int a, b;
    a=80;
    b=60;
    swap(a, b);
    cout<<"a="<<a<<','<<"b="<<b<<endl;
    return 0;
}
void swap(int x, int y)
{
    int t;
    t=x; x=y; y=t;
}
```

程序输出结果是:a＝80,b＝60

实参 a 和 b 的值传递给形参 x 和 y,虽然交换了 x 和 y 的值,但实参的值并没有交换。也就是说,实参的值不随形参值的改变而改变,这就是所说的单向传值。

(9) 忽视数值计算中的舍入误差可能引起严重错误。在计算机中,实数用浮点数表示。因为只能用有限个二进制位存放实数的尾数,而这有限位分别取 0 或 1 所组成的状态数是有限的,一个状态表示一个实数,所以能够精确表示的实数只是一个有限数集,该数集以外的实数只能按"0 舍 1 入"的原则保留有限位,多余的位则被舍去,于是产生了舍入误差。例如,小数 0.1、0.3、0.48 等化成二进制小数都有无穷多位,只能将它们表示成近似数。这些近似数所参与的每一步运算都会引入舍入误差,经过多次运算,误差的积累就会严重影响计算结果,甚至使计算结果失去意义。

例如,计算下面表达式的值:

$$t=\frac{1-2\left[\frac{1}{3}+\left(\frac{1}{3}\right)^{2}+\left(\frac{1}{3}\right)^{3}+\cdots+\left(\frac{1}{3}\right)^{n}\right]}{\left(\frac{1}{3}\right)^{n}}$$

程序代码如下：

```
int main()
{
    float r=1.0, s=0.0, t;
    int n, i;
    cout<<"input n:";
    cin>>n;
    for(i=1; i<=n; i++)
    {
        r=r/3.0;
        s=s+r;
    }
    t=(1.0-2.0*s)/r;
    cout<<setprecision(5)<<setiosflags(ios::fixed);
    cout<<t<<endl;
    return 0;
}
```

程序运行结果是：n＝20 时，t＝207.82857；n＝30 时，t＝12272070.00000。可见，舍入误差的影响有多大。单从程序设计角度来看，这种误差是难以发现的。

显然，完全消除舍入误差是不可能的，只能设法减小舍入误差。减小舍入误差的一个有效方法是使用双精度运算，即将程序中的“float　r＝1.0，s＝0.0，t;”语句改为：

```
double  r=1.0, s=0.0, t;
```

这时，程序运行结果是：n＝20 时，t＝1.00000(t 的理论值为 1)；n＝30 时，t＝1.05149。可见，这时舍入误差的影响很小，可以忽略不计。

此外，简化计算步骤、减少计算次数都能有效地减小舍入误差的影响。

t 的理论值推导如下。

在以上公式中，方括号内是一个等比级数，等比级数前 n 项的和 s_n 为：

$$s_n=\frac{a_1(1-q^n)}{1-q}$$

其中，a_1 为首项，q 为公比。本题中 $a_1=1/3$，$q=1/3$，所以有：

$$s_n=\frac{\frac{1}{3}\left[1-\left(\frac{1}{3}\right)^n\right]}{1-\frac{1}{3}}=\frac{\frac{1}{3}-\left(\frac{1}{3}\right)^{n+1}}{\frac{2}{3}}=\frac{1}{2}-\frac{1}{2\times 3^n}$$

于是得到：

$$t=\frac{1-2\left(\frac{1}{2}-\frac{1}{2\times 3^n}\right)}{\left(\frac{1}{3}\right)^n}=\frac{1-1+\frac{1}{3^n}}{\frac{1}{3^n}}=1$$

A.4.2　程序调试方法简介

查找逻辑错误的主要方法有设置断点、分段执行程序、单步执行程序、程序测试等。

1. 显示调试工具栏

VS 2010 提供了专门用于调试程序的工具栏，如图 A-17 所示。

图 A-17　调试工具栏

在 VS 2010 中显示调试工具栏的方法是：选择“视图”菜单中的“工具栏”选项，在出现的子菜单中选中“调试”选项，如图 A-18 所示。显示其他工具栏的方法相同。

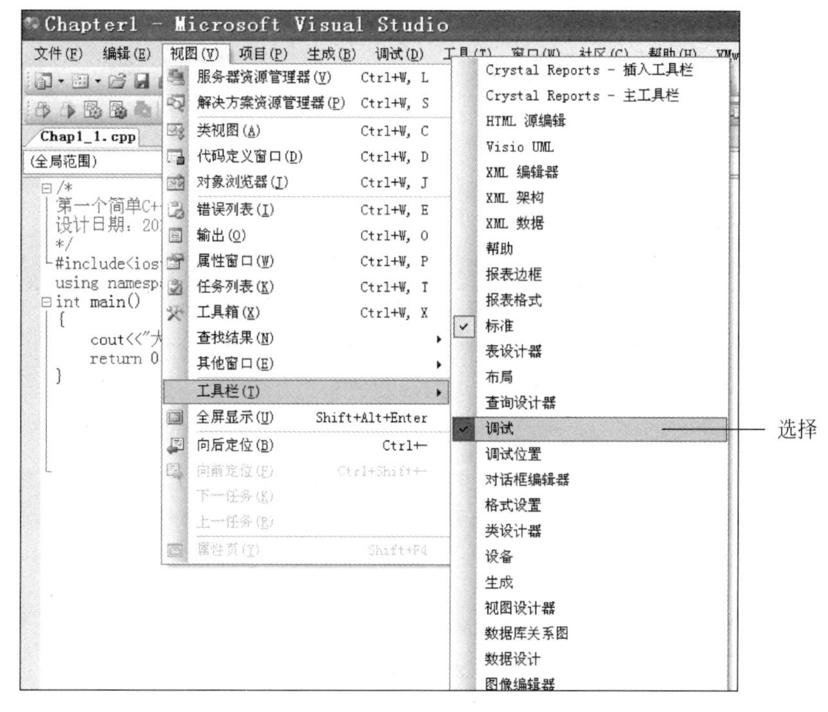

图 A-18　显示调试工具栏

2. 设置断点

设置断点是一种有效的调试方法，程序运行到断点处会自动暂停，这时可以对程序中的各种变量、函数值进行检查以确定出错位置和错误类型。

设置断点的方法是：首先把光标点移到需要设置断点的行上，然后按功能键 F9；或者在要设置断点的行前面的灰色区域单击。断点设置成功时，该行的前面显示一个深红色实心圆，如图 A-19 所示。单击深红色实心圆或再次按功能键 F9，可取消断点。

使程序执行到断点的方法是：直接按功能键 F5，或者按工具栏上的开始调试按钮▶，还可以打开“调试”菜单，选择“启动调试”选项。程序执行到断点这一行时自动暂停，注意此时断点所在行的语句还没有被执行，如图 A-20 所示。图中的断点标识变为➲，表示将要执行的语句。

程序员可以通过下面两种方法找出程序中的错误。

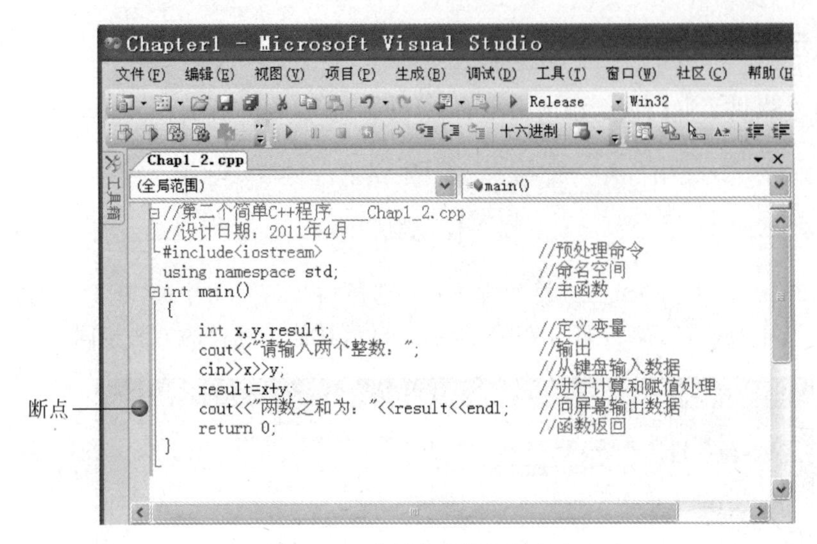

图 A-19　在程序中设置断点

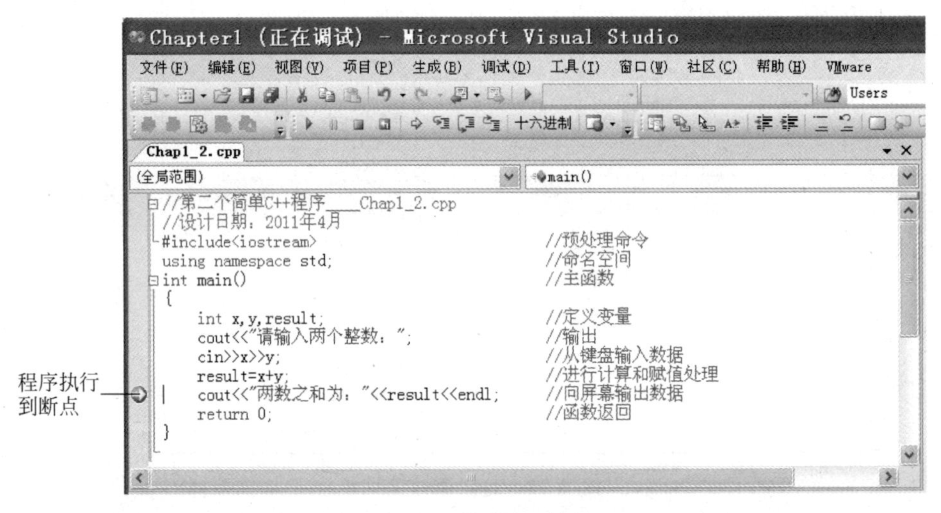

图 A-20　程序执行到断点

3. 观察变量

程序执行到断点时，可以通过“监视”“自动窗口”和“局部变量”等窗口观察变量的值。显示这些观察窗口的方法是：选择调试工具栏上的按钮，在出现的子菜单中选择相应的观察窗口，如图 A-21 所示。

在“监视”窗口中有 4 个子监视窗口：“监视 1”“监视 2”“监视 3”和“监视 4”。在每一个子监视窗口中程序员可以设置一系列要查看的变量或表达式。程序员选定某个子监视窗口，单击“名称”域，输入变量或表达式，按回车键，系统自动在“值”域中显示变量或表达式的值，在“类型”域中显示该表达式的类型。还可以直接修改变量的值，看看会对程序的执行造成什么影响。“监视”窗口如图 A-22 所示。

“自动窗口”和“局部变量”窗口与“监视”窗口类似，“自动窗口”会自动列出使用中的变

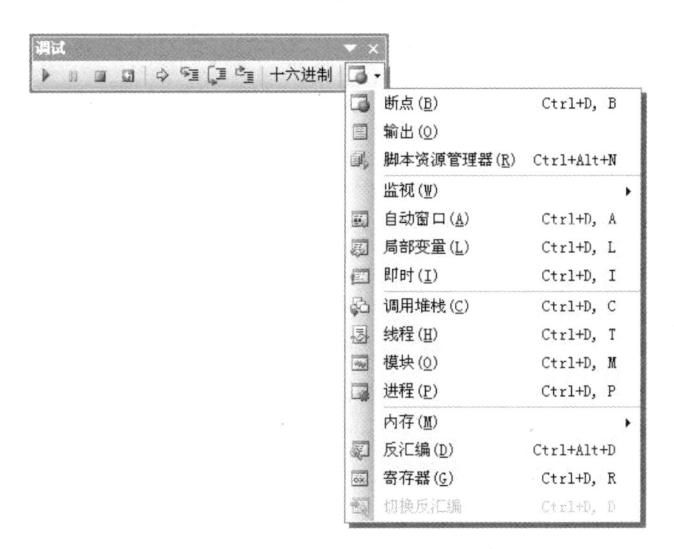

图 A-21　显示观察窗口

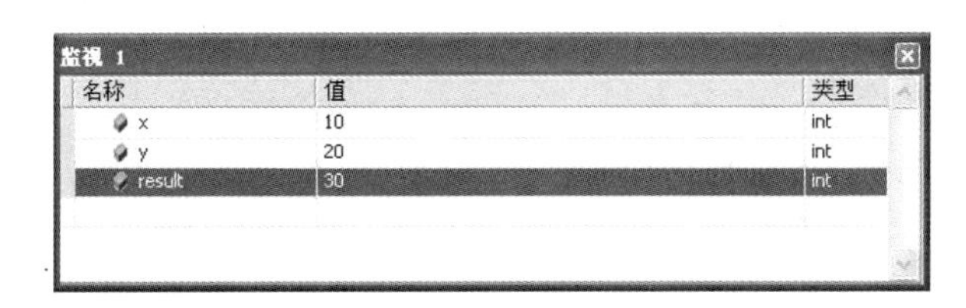

图 A-22　“监视”窗口用于观察变量的值

量,“局部变量”窗口自动显示的变量都是局部变量和类成员。

4. 单步执行

如果利用断点不能找到错误位置,还可以通过单步执行程序来查找。单步执行可以跟踪程序流程。单步执行可以使计算机逐行执行代码,可以用来检查程序的流程和程序执行到当前断点处各变量的值。单步执行分为“逐过程”和“逐语句”两种。

(1)“逐语句”会跟踪进入被调用的函数内部,继续单步跟踪。方法是按功能键 F11,或调试工具栏上的按钮,还可以打开“调试”菜单,选择“逐语句”选项。

(2)“逐过程”是让计算机执行被调用的函数后,再继续单步跟踪程序的下一行。方法是按功能键 F10,或调试工具栏上的按钮,还可以打开“调试”菜单,选择“逐过程”选项。

通过单步执行控制程序的执行,然后使用观察窗口观察变量的值,找出程序中的错误。

按调试菜单上的按钮,或组合键 Shift+F5,或打开“调试”菜单后单击“停止调试”选项都可结束单步执行。

5. 程序测试

程序在交付使用之前,要进行测试。程序测试的目的在于发现程序中的错误。对于大型软件,通常要使用专门的测试技术和方法(如结构测试法、功能测试法等),要设计相应的测试用例去发现程序中的错误。在学习阶段开发的程序的规模都很小,只要通过一些简单数据，将运行结果与预期结果进行比较就能够知道程序中是否有错。

例如，测试求前 n 个自然数之和的程序的代码如下：

```
#include <iostream>
using namespace std;
int main()
{
    int n, sum=0;
    cout<<"input n:";
    cin>>n;
    for(int i=1; i<=n; i++)
        sum=sum+i;
    cout<<"sum="<<sum<<endl;
    return 0;
}
```

测试方法是：运行程序，先输入 2，输出的结果为 3，与预期结果一致；再运行一次，输入 3，输出结果为 6，又与预期结果一致，则说明程序没有错误；再输入其他值，输出结果也一定是正确的。

又如，下面程序是求分段函数的值：

$$y=\begin{cases}|x| & (x<5)\\ 3x^2-2x+1 & (5\leqslant x<20)\\ x/5 & (x\geqslant 20)\end{cases}$$

```
#include <iostream>
#include <cmath>
using namespace std;
int main()
{
    float x, y;
    cout<<"input x:";
    cin>>x;
    if(x<5)
        y=fabs(x);
    else
        if(x>=5 && x<20)
            y=3*x -2*x+1;
        else
            y=x/5;
    cout<<"y="<<y<<endl;
    return 0;
}
```

这是一个多分支程序，测试方法是：输入不同的数据，使每个分支至少执行一次。如果发现某个分支输出的结果与预期结果不一致，则说明该分支有错误，应该进一步检查和修改。

举例如下：

首先测试第 1 个分支。第 1 次运行程序，输入－2，输出 y＝2，与预期结果一致；第 2 次运行程序，输入 4.9，输出 y＝4.9，又与预期结果一致。说明这个分支没有错误。

然后测试第 2 个分支。第 3 次运行程序，输入 5，输出 y＝6，与预期结果 66 不一致，说明第 2 个分支有错误。经过检查发现“y＝3 * x－2 * x＋1；”语句不对，应改为“y＝3 * x * x－2 * x＋1；”。修改后重新编译和连接。第 4 次运行程序，输入 5，输出 y＝66，与预期结果一致；第 5 次运行程序，输入 10，输出 y＝281，又与预期结果一致。说明第 2 个分支已经正确。

最后测试第 3 个分支。第 6 次运行程序，输入 20，输出 y＝4，与预期结果一致；第 7 次运行程序，输入 100，输出 y＝20，又与预期结果一致。说明第 3 个分支没有错误。

至此，程序测试结束，可以交付使用。

如果用上述方法找不到程序中的错误，就应该考虑算法本身是否存在问题了。

附录 B　ASCII 编码

计算机使用二进制数对字符进行编码，用数字代码存储字符。ASCII 码(American Standard Code for Information Interchange)是 Unicode 的一个非常小的子集，世界通用。下表列出了 ASCII 字符集，表中的^字符被用作前缀时表示 Ctrl 键。

二进制编码	十进制	十六进制	字符	ASCII 名称/C++ 转义代码	含义解释
0000 0000	0	0	^@	NUL (null)	空字符
0000 0001	1	1	^A	SOH (start of handing)	标题开始
0000 0010	2	2	^B	STX (start of text)	正文开始
0000 0011	3	3	^C	ETX (end of text)	正文结束
0000 0100	4	4	^D	EOT (end of transmission)	传输结束
0000 0101	5	5	^E	ENQ (enquiry)	请求
0000 0110	6	6	^F	ACK (acknowledge)	收到通知
0000 0111	7	7	^G	BEL (bell) / \a	响铃
0000 1000	8	8	^H	BS (backspace)/ \b	退格
0000 1001	9	9	^I, tab	HT (horizontal tab)/ \t	水平制表符
0000 1010	10	0A	^J	LF (NL line feed, new line)/ \n	换行键
0000 1011	11	0B	^K	VT (vertical tab) / \v	垂直制表符
0000 1100	12	0C	^L	FF (NP form feed, new page)	换页键
0000 1101	13	0D	^M	CR (carriage return)/ \r	回车键
0000 1110	14	0E	^N	SO (shift out)	停用切换
0000 1111	15	0F	^O	SI (shift in)	启用切换
0001 0000	16	10	^P	DLE (data link escape)	数据链路转义
0001 0001	17	11	^Q	DC1 (device control 1)	设备控制 1
0001 0010	18	12	^R	DC2 (device control 2)	设备控制 2
0001 0011	19	13	^S	DC3 (device control 3)	设备控制 3
0001 0100	20	14	^T	DC4 (device control 4)	设备控制 4

续表

二进制编码	十进制	十六进制	字符	ASCII 名称/C++ 转义代码	含义解释
0001 0101	21	15	^U	NAK (negative acknowledge)	拒绝接收
0001 0110	22	16	^V	SYN (synchronous idle)	同步空闲
0001 0111	23	17	^W	ETB (end of trans. block)	传输块结束
0001 1000	24	18	^X	CAN (cancel)	取消
0001 1001	25	19	^Y	EM (end of medium)	介质中断
0001 1010	26	1A	^Z	SUB (substitute)	替补
0001 1011	27	1B	^[，Esc	ESC (escape)	溢出
0001 1100	28	1C	^\	FS (file separator)	文件分隔符
0001 1101	29	1D	^]	GS (group separator)	分组符
0001 1110	30	1E	^^	RS (record separator)	记录分离符
0001 1111	31	1F	^_	US (unit separator)	单元分隔符
0010 0000	32	20	空格	SP(space)	空格
0010 0001	33	21	!		!
0010 0010	34	22	"	/ \"	"
0010 0011	35	23	#		#
0010 0100	36	24	$		$
0010 0101	37	25	%		%
0010 0110	38	26	&		&
0010 0111	39	27	'	/ \'	'
0010 1000	40	28	(		(
0010 1001	41	29	)		)
0010 1010	42	2A	*		*
0010 1011	43	2B	+		+
0010 1100	44	2C	,		,
0010 1101	45	2D	-		-
0010 1110	46	2E	.		.
0010 1111	47	2F	/		/
0011 0000	48	30	0		0
0011 0001	49	31	1		1
0011 0010	50	32	2		2
0011 0011	51	33	3		3

续表

二进制编码	十进制	十六进制	字符	ASCII 名称/C++ 转义代码	含义解释
0011 0100	52	34	4		4
0011 0101	53	35	5		5
0011 0110	54	36	6		6
0011 0111	55	37	7		7
0011 1000	56	38	8		8
0011 1001	57	39	9		9
0011 1010	58	3A	：		：
0011 1011	59	3B	；		；
0011 1100	60	3C	＜		＜
0011 1101	61	3D	＝		＝
0011 1110	62	3E	＞		＞
0011 1111	63	3F	?		?
0100 0000	64	40	@		@
0100 0001	65	41	A		A
0100 0010	66	42	B		B
0100 0011	67	43	C		C
0100 0100	68	44	D		D
0100 0101	69	45	E		E
0100 0110	70	46	F		F
0100 0111	71	47	G		G
0100 1000	72	48	H		H
0100 1001	73	49	I		I
0100 1010	74	4A	J		J
0100 1011	75	4B	K		K
0100 1100	76	4C	L		L
0100 1101	77	4D	M		M
0100 1110	78	4E	N		N
0100 1111	79	4F	O		O
0101 0000	80	50	P		P
0101 0001	81	51	Q		Q
0101 0010	82	52	R		R

续表

二进制编码	十进制	十六进制	字符	ASCII 名称/C++ 转义代码	含义解释
0101 0011	83	53	S		S
0101 0100	84	54	T		T
0101 0101	85	55	U		U
0101 0110	86	56	V		V
0101 0111	87	57	W		W
0101 1000	88	58	X		X
0101 1001	89	59	Y		Y
0101 1010	90	5A	Z		Z
0101 1011	91	5B	[		[
0101 1100	92	5C	\	/ \\	\
0101 1101	93	5D	]		]
0101 1110	94	5E	^		^
0101 1111	95	5F	_		_
0110 0000	96	60	`		`
0110 0000	97	61	a		a
0110 0011	98	62	b		b
0110 0011	99	63	c		c
0110 0100	100	64	d		d
0110 0101	101	65	e		e
0110 0110	102	66	f		f
0110 0111	103	67	g		g
0110 1000	104	68	h		h
0110 1001	105	69	i		i
0110 1010	106	6A	j		j
0110 1011	107	6B	k		k
0110 1100	108	6C	l		l
0110 1101	109	6D	m		m
0110 1110	110	6E	n		N
0110 1111	111	6F	o		o
0111 0000	112	70	p		p
0111 0001	113	71	q		q

续表

二进制编码	十进制	十六进制	字符	ASCII 名称/C++ 转义代码	含义解释
0111 0010	114	72	r		r
0111 0011	115	73	s		s
0111 0100	116	74	t		t
0111 0101	117	75	u		u
0111 0110	118	76	v		v
0111 0111	119	77	w		w
0111 1000	120	78	x		x
0111 1001	121	79	y		y
0111 1010	122	7A	z		z
0111 1011	123	7B	{		{
0111 1100	124	7C	|		|
0111 1101	125	7D	}		}
0111 1110	126	7E	～		～
0111 1111	127	7F	Del	DEL(delete)	删除

说明：

- 字符编码 0～31 以及 127 是不可打印字符。
- 字符编码 32 是空格。
- 数字 0～9 的编码是连续的，即 48～57。
- 字母 A～Z 的编码是连续的，即 65～90。
- 字母 a～z 的编码是连续的，即 97～122。
- 大写字母与相应的小写字母的字符编码相差 32。

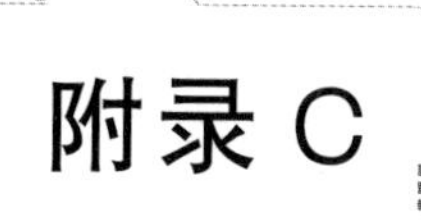

附录C 标准C++常见的库函数

C++提供了丰富的库函数(又称标准函数)。库函数按功能分为不同的库,每个库有相应的头文件,给出了该库中各函数的原型声明等信息。使用库函数之前,只需在程序中使用#include命令包含相应的头文件即可,而不必再进行函数的原型声明。了解库函数的功能、函数名、参数类型和参数个数以及函数值的类型,就可以直接引用库函数。

注意:不同的编译器提供的库函数的数目和函数名不完全相同。为了便于查阅和使用库函数,本书将常用的库函数分类以表格方式列出。在实际编程时,应该查看相关文档,可获得更多的函数。

1. 数学函数

常用的数学函数列于表C-1中。使用这些库函数之前,应将头文件cmath或cstdlib包含到当前程序中。

表C-1 数学函数

函数名	函数说明	功能	说明
abs	int abs(int n)	返回int型数n的绝对值	参看fabs函数
acos	double acos(double x)	计算反三角函数arccos(x)的值,x值为−1~1,返回的角度值为0~π	如果x的值超出−1~1,则返回一个不确定的值
asin	double asin(double x)	计算反三角函数arcsin(x)的值,x值为−1~1,返回的角度值为−π/2~π/2	如果x的值超出−1~1,则返回一个不确定的值
atan	double atan(double x)	计算反三角函数arctan(x)的值,返回的角度值为−π/2~π/2	
ceil	double ceil(double x)	求出等于或大于x的最小整数	例如x=1.02,返回2.0。参看floor函数
cos	double cos(double x)	计算三角函数cos(x)的值	
cosh	double cosh(double x)	计算双曲余弦函数cosh(x)的值	
div	div_t div(int n, int d)	计算两个int型整数整除后的商和余数	div_t是系统定义好的一个结构体类型,内部有两个成员quot和rem,分别用来保存商和余数
exp	double exp(double x)	计算e^x的值	

续表

函数名	函数说明	功能	说明
fabs	double fabs(double x)	返回浮点数 x 的绝对值	参看 abs 函数
floor	double floor(double x)	求出不大于 x 的最大整数	参看 ceil 函数
fmod	double fmod(double x, double y)	求整除 x/y 的余数	如果 y 是 0.0 则函数返回 -1.#IND,表示被零除溢出
log	double log(double x)	计算 ln x 的值	自然对数
log10	double log10(double x)	计算 log x 的值	常用对数
pow	double pow(double x, double y)	计算 x^y 的值	计算值不能大于 2^{64}
rand	int rand(void)	返回一个伪随机数	调用该函数前,先调用 srand 函数设置初始值
sin	double sin(double x)	计算三角函数 sin(x)的值	
sinh	double sinh(double x)	计算双曲正弦函数 sinh(x)的值	
sqrt	double sqrt(double x)	计算 x 的平方根	x≥0
srand	void srand(unsigned int seed)	用种子值 seed 为随机函数 rand()产生初始值	
tan	double tan(double x)	计算三角函数 tan(x)的值	

2. I/O 流类函数

常用的 I/O 流类函数列于表 C-2 中。使用这些库函数之前,应将头文件 iostream 包含到程序中。

表 C-2 I/O 流类函数

函数名	函数说明	功能	说明
get	istream& get(char& rch)	从文件中读入 1 个字符放入引用 rch 中	istream::get
put	ostream& put(char ch)	将字符 ch 写到文件中	ostream::put
read	istream& read(char * pch, int nCount)	从文件中读入 nCount 个字符放入 pch 缓冲区	istream::read,常用于二进制文件
write	ostream& write(const char * pch, int nCount)	将 pch 缓冲区中 nCount 个字符写到文件中	ostream::write,常用于二进制文件
getline	istream& getline(char * pch, int nCount, char delim ='\n')	从文件中读入一行,直到遇到终结符 delim 结束,最多 nCount 个字符,放入 pch 缓冲区中	istream::getline 常用于文本文件
tellg	long tellg()	获取文件指针的当前位置值	istream::tellg 常用于二进制文件
seekg	istream& seekg(long offset, int dir=ios::beg)	设置文件指针的位置	istream::seekg 常用于二进制文件
tellp	long tellp()	获取文件指针的当前位置值	ostream::tellp 常用于二进制文件

续表

函数名	函 数 说 明	功　　能	说　　明
seekp	ostream& seekp(long offset, int dir=ios::beg)	设置文件指针的位置	ostream::seekp 常用于二进制文件
good	int good()	I/O 流正常则返回非 0,否则返回 0	ios::good
fail	int fail()	发生错误则返回非 0,否则返回 0	ios::fail
bad	int bad()	发生流被破坏严重错误则返回非 0,否则返回 0	ios::bad
eof	int eof()	文件指针指向文件尾则返回非 0,否则返回 0	ios::eof()
peek	char peek()	获取输入流的当前字符,文件指针不移动。	istream::peek
ignore	istream& ignore(int nCount =1, int delim=EOF)	在输入流跳过 nCount 个字符	istream::ignore
putback	istream& putback(char ch)	把刚从输入流中读的字符再放回原处。	istream::putback

3. 字符函数

常用的字符函数列于表 C-3 中。使用这些函数之前,应将头文件 cctype 包含到当前程序中。

表 C-3　字符函数

函数名	函 数 说 明	功　　能	备　　注
isalnum	int isalnum(int ch)	检查 ch 是否为字母或数字。是,则返回一个非 0 值,否则返回 0	
isalpha	int isalpha(int ch)	检查 ch 是否为字母。是,则返回一个非 0 值,否则返回 0	
isascii	int isascii(int ch)	检查 ch 是否为 ASCII 字符。是,则返回一个非 0 值,否则返回 0	
iscntrl	int iscntrl(int ch)	检查 ch 是否为控制字符。是,则返回一个非 0 值,否则返回 0	控制字符的 ASCII 码为 0～0x1F
isdigit	int isdigit(int ch)	检查 ch 是否为数字。是,则返回一个非 0 值,否则返回 0	
islower	int islower(int ch)	检查 ch 是否为小写字母。是,则返回一个非 0 值,否则返回 0	
isupper	int isupper(int ch)	检查 ch 是否为大写字母。是,则返回一个非 0 值,否则返回 0	
isspace	int isspace(int ch)	检查 ch 是否为空格。是,则返回一个非 0 值,否则返回 0	
tolower	int tolower(int ch)	将 ch 中的字母转换为小写字母。返回小写字母的 ASCII 码	
toupper	int toupper(int ch)	将 ch 中的字母转换为大写字母。返回大写字母的 ASCII 码	

4. 字符串函数

常用的字符串函数列于表C-4中。使用这些函数之前,应将头文件string包含到当前程序中。

表C-4 字符串函数

函数名	函数说明	功能	备注
strcat	char * strcat(char * str1, const char * str2)	将字符串str2连接到str1后面,返回str1指向的地址	具体用法见附录D
strchr	char * strchr(const char * str, int ch)	找出ch字符在字符串str中第一次出现的位置。若找到,则返回该字符在字符串中位置的指针,否则返回NULL	
strcmp	int strcmp(const char * str1, const char * str2)	按词典顺序对两个字符串进行比较。若str1=str2,则返回0;若str1>str2,则返回正数;若str1<str2,则返回负数	具体用法见附录D
strcpy	char * strcpy(char * str1, const char * str2)	将字符串str2复制到str1,返回str1指向的地址	具体用法见附录D
strlen	int strlen(const char * str)	求字符串str的长度,返回str所包含的字符数	不含字符串结束符\0,具体用法见附录D
strlwr	char * strlwr(char * str)	将字符串str中的字母转换为小写字母,返回str指向的地址	
strstr	char * strstr(const char * str1, const char * str2)	找出字符串str2在字符串str1中第一次出现的位置。若找到,则返回str2在str1中的位置,否则返回NULL	
strupr	char * strupr(char * str)	将字符串str中的字母转换为大写字母,返回str指向的地址	

附录 D 常用的字符串函数

为了方便字符串的处理,C++ 中提供了一些直接对字符串进行操作的函数。

1. 字符串输入输出函数

除了可以使用 cin 和 cout 进行字符串的输入输出操作外,C++ 还提供了 gets()和 puts()两个函数用于字符串的输入输出,它们的函数原型分别如下:

```
char* gets(char *buffer);
int puts(char *string);
```

gets()函数的功能是从键盘读取一个字符串,直至遇到换行符时停止,并将读取的字符串存入 buffer 指针所指向的字符型数组中,返回值是 buffer 所指向的字符型数组的首地址;puts()函数的功能是在屏幕上输出 string 所指向的字符串并换行。

【例 D-1】 使用 gets()和 puts()函数对字符串进行输入输出操作。

参考程序如下:

```
//io.cpp
#include <iostream>
#include <string>
using namespace std;
int main()
{
    char name[20]="noname";
    puts("请输入学生姓名:");        //在屏幕上输出"请输入学生姓名:"并换行
    gets(name);                     //输入"Li Xiaoming",将字符串"Li Xiaoming"存入 name
                                    //数组中
    cout<<"学生姓名为:"<<name<<endl;
                                    //在屏幕上输出"学生姓名为:Li Xiaoming"并换行
    cout<<"请输入学生姓名:";        //在屏幕上输出"请输入学生姓名:"并换行
    cin>>name;                      //输入"Wang Tao",将字符串"Wang"存入 name 数组中
    cout<<"学生姓名为:"<<name<<endl;
                                    //在屏幕上输出"学生姓名为:Wang"并换行
    return 0;
}
```

说明：

- puts()函数与 cout 功能类似，但 puts()函数输出字符串后会自动换行，而 cout 不会自动换行。
- gets()函数与 cin 功能类似，但使用 gets()函数时只有遇到换行符才表示一个字符串的结束，而使用 cin 时除了换行符，遇到空格或制表符也表示一个字符串的结束。

2. 字符串长度计算函数

C++ 中提供了 strlen()函数用于计算字符串长度，其函数原型如下：

```
unsigned int strlen(const char * str);
```

strlen()函数的功能是获取 str 所指向的字符串的长度信息(不包括字符串结束符'\0')，返回值是字符串长度。实际上，strlen()函数实现的是一个计数工作，即从 str 所指向的内存地址开始扫描，直到遇到'\0'为止，返回'\0'之前的字符个数。

【例 D-2】 使用 strlen()函数实现：从键盘输入字符串，计算字符串的长度并输出。

```
//stringlength.cpp
#include <iostream>
using namespace std;
int main()
{
    unsigned int len;
    char s[20];
    cout<<"请输入字符串:";
    cin>>s;                                   //输入"hello"
    len=strlen(s);
    cout<<"字符串"<<s<<"的长度为:"<<len<<endl;
                                              //在屏幕上输出"字符串 hello 的长度为:5"
    return 0;
}
```

说明：strlen 和 sizeof 的区别在于 strlen 用于获取字符串的实际长度，而 sizeof 用于获取变量所占据的内存空间大小。例如：

```
char s[20]="hello";
cout<<strlen(s)<<endl;                        //输出字符串实际长度 5
cout<<sizeof(s)<<endl;                        //输出数组 s 所占据的内存空间大小 20
```

3. 字符串拷贝函数

C++ 中提供了 strcpy()函数用于实现字符串复制的功能，其函数原型如下：

```
char* strcpy(char dst[], const char * src);
```

strcpy()函数的功能是将 src 所指向内存空间中的字符串复制到 dst 所指向的内存空间中，返回 dst 所指向内存空间的首地址。

【例 D-3】 使用 strcpy()函数实现：将一个字符串复制到一个字符型数组中，并将复制的结果输出。

参考程序如下：

```
//stringcopy.cpp
#include <iostream>
using namespace std;
int main()
{
    char s1[]="hello";
    char s2[10];
    strcpy(s2, s1);          //将 s1 所指向内存空间中的字符串复制到 s2 所指向的内存空间中
    cout<<s2<<endl;          //在屏幕上输出"hello"
    return 0;
}
```

说明：

- 区分 strcpy 和赋值运算符=：strcpy 用于将一片内存空间中的字符串复制到另一片内存空间中，而使用符号=只能将字符串首地址的值赋给一个指针变量。
- 在高版本的 VS 环境中，使用 strcpy 会报错，此时可以选择使用更加安全的 strcpy_s。strcpy_s 除了具有与 strcpy 相同的使用方法外，还有另外一种函数原型"strcpy_s(char * dst, unsigned int uSize, const char * src);"，其中的 uSize 通常指定为 dst 所指内存空间的尺寸，以避免内存写越界，即 dst 所指内存空间容纳不下 src 所指内存空间中的字符串。

4. 字符串比较函数

C++ 中提供了 strcmp()函数用于比较两个字符串的内容，其函数原型如下：

```
int strcmp(const char * s1, const char * s2);
```

strcmp()函数的功能是比较 s1 所指字符串与 s2 所指字符串的内容。如果内容完全一样，则返回 0；如果 s1 所指字符串的内容大于 s2 所指字符串的内容，则返回大于 0 的数；否则，返回小于 0 的数。

比较两个字符串的内容是指从第一个字符开始对两个字符串中的字符按其编码（如 ASCII 码）逐个进行比较，直到找到第一个不同的字符，具有较大编码的字符所在的字符串具有较大的值。例如，对于字符串"abcd"和字符串"abdc"，从第 1 个字符开始比较，比较到第 3 个字符时，字符'c'的 ASCII 码小于字符'd'的 ASCII 码，因此字符串"abcd"小于字符串"abdc"。再如，对于字符串"abcd"和字符串"abc"，比较到第 4 个字符时，字符'd'的 ASCII 码大于字符'\0'(字符串"abc"的结束标识)的 ASCII 码，因此字符串"abcd"小于字符串"abc"。

【例 D-4】 使用 strcmp()函数比较两个字符串内容的大小。

参考程序如下：

```
//stringcompare.cpp
#include <iostream>
```

```
using namespace std;
int main()
{
    char s1[]="abc";
    char s2[]="cba";
    int n;
    n=strcmp(s1, s2);
    if (n==0)
        cout<<"s1所指字符串与s2所指字符串内容相同!"<<endl;
    else if (n>0)
        cout<<"s1所指字符串大于s2所指字符串!"<<endl;
    else
        cout<<"s1所指字符串小于s2所指字符串!"<<endl;
    return 0;
}
```

说明：strcmp和比较运算符区别在于，strcmp比较的是两个字符串的内容，而比较运算符比较的是两个字符串的地址。例如，使用比较运算符==可以对两个基本类型的数据进行比较。但对于字符串或数组来说，使用==只能比较两个字符串或数组的地址是否相同，无法用于判断其内容是否一致。例如：

```
char s1[]="abc";
char s2[]="abc";
if (s1==s2)
    cout<<"s1==s2"<<endl;
else
    cout<<"s1!=s2"<<endl;
```

上面的程序中，虽然s1和s2所保存的字符串内容完全一样，但由于==比较的是地址，因此不论s1和s2保存的字符串内容是否相同，最后输出的都是s1！=s2。与==相似，>、<、>=、<=和！=这些比较运算符也是对字符串或数组的地址进行比较。

5. 字符串连接函数

C++中提供了strcat()函数用于字符串连接，其函数原型如下：

```
char* strcat(char *dst, char *src);
```

strcat()函数的功能是将src所指字符串添加到dst所指字符串的尾部，连接时会覆盖dst所指字符串尾部的'\0'。

【例D-5】 使用strcat()函数连接两个字符串。

参考程序如下：

```
//stringconcatenate.cpp
#include <iostream>
using namespace std;
int main()
```

```
{
    char s1[20]="hello";
    char s2[]=" world";
    strcat(s1, s2);           //将 s2 所指字符串添加到 s1 所指字符串的尾部
    cout<<s1<<endl;           //在屏幕上输出"hello world"
    return 0;
}
```

说明：

- strcat()函数第 1 个参数 dst 所指向的内存空间要足够大，能够容纳连接后得到的新字符串，否则会出现内存越界问题。
- 在高版本的 VS 环境中，使用 strcat 会报错，此时可以选择使用更加安全的 strcat_s。strcat_s 除了具有与 strcat 相同的使用方法外，还有另外一种函数原型“strcat_s(char * dst, unsigned int uSize, const char * src);”，其中的 uSize 通常指定为 dst 所指内存空间的尺寸，以避免内存写越界，即 dst 所指内存空间容纳不下连接之后的字符串。

附录E　输入输出格式控制

C++在iso类中提供了有关成员函数可以进行输入输出的格式控制，另外还提供了使用方便的被称为格式控制符的特殊类型的函数。

E.1　ios类的成员函数

在类ios中定义了一批公有的格式控制标志以及一些用于格式控制的公有成员函数，在输入输出操作时，可以先用这些格式控制函数设置标志和设置输出格式，然后再进行格式化输入输出。

1. 格式控制标志

ios提供的格式控制标志如表E-1所示。

表E-1　ios格式控制标志

格式标志	作　用
skipws	跳过输入中的空白，用于输入
left	在输出域宽内左对齐输出，用于输出
right	在输出域宽内右对齐输出，用于输出
internal	数值的符号位和基数指示符左对齐，数值右对齐，填充符在中间，用于输出
dec	设置整型数据为十进制格式，用于输入输出
oct	设置整型数据为八进制格式，用于输入输出
hex	设置整型数据为十六进制格式，用于输入输出
showbase	输出时显示基数指示符(0或0x)，用于输入输出
showpoint	输出浮点数时显示小数点，用于输出
uppercase	科学计数法为大写的E，十六进制中为大写的X和A～F，用于输出
showpos	正整数前显示＋符号，用于输出
scientific	用科学计数法显示浮点数，用于输出
fixed	用定点形式显示浮点数，用于输出

续表

格式标志	作　　用
unitbuf	在输出操作后立即刷新所有流，用于输出
stdio	在输出操作后刷新 stdout 和 stderr，用于输出

这些格式标志是 ios 类中定义的枚举常量，在使用时前面加上 ios::。可通过位或运算符|同时使用不同标志位进行格式控制。例如，ios::right | ios::showpoint 表示同时使用右对齐和显示小数点两种格式。

2. 格式控制函数

ios 类提供了格式控制函数用于设置格式标志和输出格式，其中成员函数 setf()和 unsetf()设置格式标志和清除格式标志；用于设置输出格式的函数有：width()设置输出域宽，fill()设置填充字符，precision()设置浮点数精度，等等。下面分别介绍。

(1) setf()函数用于设置格式标志。

ios 类提供了用于设置格式标志的成员函数 setf()，流对象可以调用这个函数设置输入输出格式标志。setf()函数的一般调用形式如下：

```
流对象.setf(ios::格式标志);
```

例如，在进行标准输入或输出时，使用流对象 cin 或 cout 调用 setf()函数的形式如下：

```
cin.setf(ios::skipws);
cout.setf(ios::right | ios::showpos | ios::dec);
```

(2) unsetf()函数用于清除格式标志。

ios 类提供了用于清除格式标志的成员函数 unsetf()，流对象可以调用这个函数清除输入输出格式标志。unsetf()函数的一般调用形式如下：

```
流对象.unsetf(ios::格式标志);
```

例如，在进行标准输入或输出时，使用流对象 cin 或 cout 调用 unsetf()函数的形式如下：

```
cin.unsetf(ios::skipws);
cout.unsetf(ios::right | ios::showpos | ios::dec);
```

(3) width()函数用于设置输出域宽。

流对象调用 width()函数可以设置输出数据的显示域宽，该函数有一个整型参数，表示域宽的字符数。若不设置或设置域宽小于数据实际宽度，则数据按实际宽度输出；若设置域宽大于数据实际宽度，则需要填充。设置域宽只对后面的一项输出有效。

例如，在进行标准输出时，使用流对象 cout 调用 width()函数的形式如下：

```
cout.width(5);
```

(4) fill()函数用于设置填充字符。

当输出数据的宽度小于 width()函数设置的域宽时，其余位置用填充字符填充，默认填充字符为空格，也可以用 fill()函数指定填充字符。

例如，在进行标准输出时，使用流对象 cout 调用 fill()函数的形式如下：

```
cout.fill('*')
```

(5) precision()函数用于设置浮点数精度。

当输出数据为浮点数时，使用 precision()函数设置浮点数的精度。当格式为 ios::scientific 或 ios::fixed 时，精度指小数点后面的位数，否则指有效数字的位数。

例如，在进行标准输出时，使用流对象 cout 调用 precision()函数的形式如下：

```
cout.precision(2)
```

【例 E-1】 ios 类的成员函数使用示例。

参考程序如下：

```
//iosFunEx.cpp
#include <iostream>
using namespace std;
int main()
{
    int a=26;
    cout<<"dec: "<<a<<endl;           //默认以十进制形式输出
    cout.setf(ios::showbase);          //设置输出时显示基数
    cout.unsetf(ios::dec);             //清除十进制格式
    cout.setf(ios::hex);               //设置十六进制格式
    cout.setf(ios::uppercase);         //十六进制及科学计数法中使用大写字母
    cout<<"hex: "<<a<<endl;            //以上面设置的格式输出 a
    double pi =22.0/7.0;
    cout.precision(5);                 //设置有效位数为 5
    cout<<pi<<endl;
    cout.setf(ios::scientific);        //设置科学计数法格式
    cout.width(15);                    //设置输出域宽为 15
    cout.fill('*');                    //设置填充字符
    cout<<pi<<endl;                    //以科学计数法格式输出 pi,占 15 个字符宽度,5 位
                                       //小数,默认右对齐,左边以*填充,大写 E
    cout.unsetf(ios::scientific);      //清除科学计数法格式
    cout.setf(ios::fixed);             //设置定点小数(小数形式)
    cout.width(10);                    //设置输出域宽为 10
    cout.setf(ios::showpos | ios::internal);
                                       //同时设置输出+符号和数值中间填充*
    cout.precision(6);                 //设置 6 位小数
    cout<<pi<<endl;                    //以小数形式输出 pi,占 10 个字符宽度,6 位小数,显
                                       //示+,中间填充*
    cout.unsetf(ios::internal);        //清除中间填充
    cout.setf(ios::left);              //设置左对齐(右边填充)
```

```
    cout.width(10);                //设置输出域宽为 10
    cout<<"abcd"<<endl;            //输出 abcd,占 10 个字符宽度,左对齐,右边填充 *
    return 0;
}
```

运行结果:

```
dec: 26
hex: 0X1A
3.1429
***3.14286E+000
+ * 3.142857
abcd******
```

说明:

- width()只对后面的一项输出有效,如 3 条语句"cout. fill('*'); cout. width(6); cout <<20<<3.14<<endl;"执行后输出为: ****203.14。
- 需要用 setf()函数同时设置多项格式,如"cout. setf(ios::showpos | ios::internal);"同时设置输出+符号和数值中间填充 *。
- 格式标志中的 left、right、internal 为一组,用于控制对齐方式,系统默认为 right,可以设置成其他格式。但是,若想改变格式,需要用 unsetf()清除前面设置的格式,再用 setf()重新设置,如例 E-1 中的"cout. setf(ios::internal); cout. setf(ios::left);"。
- dec、oct、hex 为一组,用于控制整数进制,系统默认为 dec。如果用其他数制格式输出,必须先用 unsetf()清除 dec 格式,再用 setf()进行设置,如"cout. unsetf(ios::dec); cout. setf(ios::hex);"。如果再要变换格式,同样要先清除前面格式,再重新设置。
- precision()默认设置有效位数。与 scientific、fixed 一起使用设置小数位数。scientific、fixed 两个格式切换要先用 unsetf()清除前面设置,再用 setf()设置,如"cout. unsetf(ios::scientific); cout. setf(ios::fixed);"。而且再要变换格式,同样要先清除前面格式,再重新设置。

E.2　格式控制符

前面介绍的 ios 类的成员函数可以对格式进行设置,实现格式化输入输出。但是,它们的使用不够方便,每个函数都要用流对象调用,每次调用都要单独使用一条语句,不能嵌入到输入输出语句中。因此,C++ 又提供了一些特殊的格式控制函数,这些函数不用调用,而是以格式控制符的方式直接在提取运算符和插入运算符之后使用,对输入输出格式进行设置。

格式控制符分别在 iostream 和 iomanip 两个头文件中说明。

定义在 iostream 中的无参格式控制符如表 E-2 所示。

表 E-2　无参格式控制符

格式控制符	作　　用
dec	以十进制形式输入输出整型数，用于输入输出
hex	以十六进制形式输入输出整型数，用于输入输出
oct	以八进制形式输入输出整型数，用于输入输出
ws	用于输入时跳过开头的空白符，仅用于输入
endl	插入一个换行符并刷新输出流，仅用于输出
ends	插入一个空字符，用来结束一个字符串，仅用于输出
flush	刷新一个输出流，仅用于输出

定义在 iomanip 中的带参格式控制符如表 E-3 所示。

表 E-3　带参格式控制符

格式控制符	作　　用
setbase(int n)	设置整型数据的基数为 n，用于输入输出
resetiosflags(long f)	清除参数 f 指定的格式控制标志，用于输入输出
setiosflags(long f)	设置参数 f 指定的格式控制标志，用于输入输出
setfill(int c)	设置填充字符为 c，默认为空格，用于输出
setprecision(int n)	设置浮点数精度为 n，用于输出
setw(int n)	设置输出域宽为 n，用于输出

这些格式控制符基本能够代替 ios 类的格式控制成员函数而且使用方便。例如，若将 26 先按十六进制输出，再按十进制输出，可用如下两种方式实现：

```
cout.unsetf(ios::dec);
cout.setf(ios::hex);
cout<<26<<endl;
cout.unsetf(ios::hex);
cout.setf(ios::dec);
cout<<26<<endl;
```

或

```
cout<<hex<<26<<endl;
cout<<dec<<26<<endl;
```

由此可以看出使用格式控制符比较方便。二者区别在于 ios 成员函数每次使用时都需要 cout 限定，而且要单独使用一条语句。而格式控制符是在 ios 类外定义，不需对象限定，可以嵌入输入输出语句中使用。这里举例进一步说明。

【例 E-2】 格式控制符使用示例。

参考程序如下：

```
//formatControlEx.cpp
#include <iostream>
#include <iomanip>                                    //格式控制符头文件
using namespace std;
int main()
{
    int a;
    cout<<"input a (oct): ";
    cin>>oct>>a;                                      //按八进制格式输入
    cout<<"dec: "<<a<<endl;                           //默认以十进制形式输出
    //按十六进制格式输出,字母大写
    cout<<setbase(16)<<setiosflags(ios::uppercase)<<"hex: "<<a<<endl;
    double pi =22.0/7.0;
    cout<<pi<<endl;                                   //默认按 6 位有效位数输出
    cout<<setprecision(5)<<pi<<endl;                  //按 5 位有效位数输出
    //按科学计数法格式输出 pi,占 15 个字符宽度,5 位小数,默认右对齐,左边填充*,小写 e
    cout<<setiosflags(ios::scientific)<<resetiosflags(ios::uppercase);
    cout<<setw(15)<<setfill('*')<<pi<<endl;
    cout<<resetiosflags(ios::scientific);             //清除科学计数法格式
    //设置定点格式(小数形式),显示+,左对齐
    cout<<setiosflags(ios::fixed | ios::showpos | ios::left);
    //以小数形式输出 pi,占 10 个字符宽度,4 位小数,显示+,左对齐,右边填充*
    cout<<setw(10)<<setprecision(4)<<pi<<endl;
    //清除左对齐和显示+,设置右对齐
    cout<<resetiosflags(ios::left | ios::showpos)<<setiosflags(ios::right);
    //以小数形式输出 3.0,4 位小数,占 10 个字符宽度,右对齐,左边填充*,不显示+
    cout<<setw(10)<<3.0<<endl;
    return 0;
}
```

运行结果:

```
input a (oct): 32
dec: 26
hex: 1A
3.14286
3.1429
***3.14286e+000
+3.1429***
****3.0000
```

说明:

- 使用格式控制符,需要包含头文件 iomanip。
- 格式控制符和 ios 类的成员函数功能类似。例如,setiosflags()和 setf()函数作用等同,都是设置格式标志,而且参数均为 ios 格式控制标志;setw()和 width()函数作用等同。

- 系统默认右对齐，可以直接设置左对齐格式，但要恢复右对齐就必须用 resetiosflags(ios::left)清除左对齐，再用 setiosflags(ios::right)设置右对齐。
- 系统默认为小写字母，可用 setiosflags(ios::uppercase)设置为大写字母，要恢复小写字母，用 resetiosflags(ios::uppercase)清除大写字母即可(没有小写字母格式标志)。
- 浮点数默认输出格式为小数形式、6 位有效数字。setprecision()单独使用设置有效数字位数，和 setiosflags(ios::scientific)或 setiosflags(ios::fixed)同时使用时设置小数位数。
- 默认为十进制格式，dec、oct、hex 格式控制符之间可以直接转换，不用清除前面进制格式。